# Table of the Elements

| | | | | | 典型元素 | | | | 族／周期 |
|---|---|---|---|---|---|---|---|---|---|
| 10 | 11 | 12 | 13 | 14 | 15 | 16 | 17 | 18 | |
| | | | | | | | | ヘリウム 2He 4.003 Helium | 1 |
| | | | ホウ素 5B 10.81 Boron | 炭素 6C 12.01 Carbon | 窒素 7N 14.01 Nitrogen | 酸素 8O 16.00 Oxygen | フッ素 9F 19.00 Fluorine | ネオン 10Ne 20.18 Neon | 2 |
| | | | アルミニウム 13Al 26.98 Aluminium | ケイ素 14Si 28.09 Silicon | リン 15P 30.97 Phosphorus | 硫黄 16S 32.07 Sulfur | 塩素 17Cl 35.45 Chlorine | アルゴン 18Ar 39.95 Argon | 3 |
| ケル Ni .69 ckel | 銅 29Cu 63.55 Copper | 亜鉛 30Zn 65.38 Zinc | ガリウム 31Ga 69.72 Gallium | ゲルマニウム 32Ge 72.63 Germanium | ヒ素 33As 74.92 Arsenic | セレン 34Se 78.97 Selenium | 臭素 35Br 79.90 Bromine | クリプトン 36Kr 83.80 Krypton | 4 |
| ジウム Pd 6.4 dium | 銀 47Ag 107.9 Silver | カドミウム 48Cd 112.4 Cadmium | インジウム 49In 114.8 Indium | スズ 50Sn 118.7 Tin | アンチモン 51Sb 121.8 Antimony | テルル 52Te 127.6 Tellurium | ヨウ素 53I 126.9 Iodine | キセノン 54Xe 131.3 Xenon | 5 |
| 金 Pt 5.1 num | 金 79Au 197.0 Gold | 水銀 80Hg 200.6 Mercury | タリウム 81Tl 204.4 Thallium | 鉛 82Pb 207.2 Lead | ビスマス 83Bi 209.0 Bismuth | ポロニウム 84Po (210) Polonium | アスタチン 85At (210) Astatine | ラドン 86Rn (222) Radon | 6 |
| タチウム Ds 81) adtium | レントゲニウム 111Rg (280) Roentgenium | コペルニシウム 112Cn (285) Copernicium | ニホニウム 113Nh (278) Nihonium | フレロビウム 114Fl (289) Flerovium | モスコビウム 115Mc (289) Moscovium | リバモリウム 116Lv (293) Livermorium | テネシン 117Ts (293) Tennessine | オガネソン 118Og (294) Oganesson | 7 |

| ビウム Eu 2.0 pium | ガドリニウム 64Gd 157.3 Gadolinium | テルビウム 65Tb 158.9 Terbium | ジスプロシウム 66Dy 162.5 Dysprosium | ホルミウム 67Ho 164.9 Holmium | エルビウム 68Er 167.3 Erbium | ツリウム 69Tm 168.9 Thulium | イッテルビウム 70Yb 173.0 Ytterbium | ルテチウム 71Lu 175.0 Lutetium |
|---|---|---|---|---|---|---|---|---|
| シウム Am 43) icium | キュリウム 96Cm (247) Curium | バークリウム 97Bk (247) Berkelium | カリホルニウム 98Cf (252) Californium | アインスタイニウム 99Es (252) Einsteinium | フェルミウム 100Fm (257) Fermium | メンデレビウム 101Md (258) Mendelevium | ノーベリウム 102No (259) Nobelium | ローレンシウム 103Lr (262) Lawrencium |

示した4桁の原子量は，IUPACで承認された原子量表をもとに，日本化学会原子量専門委員会が作成したものである（原子量表（2018））。
同位体がなく，天然で特定の同位体組成を示さない元素は，その元素の放射性同位体の質量数の一例を（　）の中に示してある。

# ◆ 大学入学共通テストの出題科目および科目選択方法 ◆

　大学入学共通テストについて，理科では以下の8つの科目(物理基礎，化学基礎，生物基礎，地学基礎，物理，化学，生物，地学)が出題されます。この中から，下記のA〜Dのいずれかの科目選択方法で受験することができます。

●大学入学共通テストの理科出題科目

| 教　科 | グループ | 出題科目 |
|---|---|---|
| 理　科 | ① | 「物理基礎」，「化学基礎」，「生物基礎」，「地学基礎」 |
| | ② | 「物理」，「化学」，「生物」，「地学」 |

・「グループ」はそれぞれ独立した時間帯に試験を行うことを示しています。
・「科学と人間生活」は出題されません。

●大学入学共通テストの理科の科目選択方法

A：グループ①から2科目
B：グループ②から1科目
C：グループ①から2科目及びグループ②から1科目
D：グループ②から2科目

グループ①を受験する受験生は，試験時間60分の間に2科目(計100点)を選択して解答します。
グループ②を受験する受験生は，1科目または2科目を選択し，1科目選択の場合の試験時間は60分，2科目選択の場合の試験時間は130分(うち解答時間は120分)となります。グループ②の1科目当たりの得点は100点です。

※大学や学部によって，必要な科目や，受験に使用できない科目が異なりますので，各大学の募集要項などを十分に確認してください。
※出題科目および科目選択方法は変更される可能性がありますので，最新の情報は大学入試センターのホームページなどで確認してください。

# 大学入学
# 共通テスト
# 対策問題集

## 化学基礎

数研出版編集部 編

- **Ⅰ** 知識確認の問題
- **Ⅱ** 実験操作の問題
- **Ⅲ** グラフ・図を読み解く問題
- **Ⅳ** 読解問題

数研出版
https://www.chart.co.jp

## 大学入学共通テストとは

　2021年1月から始まる「大学入学共通テスト」は，「各教科・科目の特質に応じ，知識・技能を十分有しているかの評価も行いつつ，思考力・判断力・表現力を中心に評価を行うものとする。」という方針のもと，「課題の把握」，「課題の探究」，「課題の解決」の力をはかるものです。「化学基礎」では，実験に関する深い理解を問う問題，グラフや図から実験の状況や結果などを読み取る問題，導入の文章から必要な情報を読み取る問題などの出題が予想されます。

## 本書の特色

　「大学入学共通テスト」では，従来よりもさらに「思考力」「判断力」「表現力」が重視されると考えられます。本書では，初見のグラフや図，実験であっても，しっかり読み取ることができれば解答できる問題で構成することで，「大学入学共通テスト」に必要な能力を磨くことをねらいとしています。また，「知識・技能を十分有しているかの評価も行いつつ」という方針にもとづき，「化学基礎」で必要な知識が十分に定着しているかも確認できるようになっています。

## 本書の構成

　本書では「大学入学共通テスト」への対策として，次のⅠ～Ⅳのカテゴリーで構成しています。
　苦手なカテゴリーを重点的に取り組むことができ，学習状況によって，様々な使い方ができます。

| カテゴリー Ⅰ | **知識確認の問題**　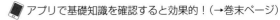アプリで基礎知識を確認すると効果的！（→巻末ページ） |
| --- | --- |
| | 　「化学基礎」で必要な基本的な知識が十分に定着しているかを確かめるための問題を扱いました。 |
| カテゴリー Ⅱ | **実験操作の問題** |
| | 　実験操作の意味や実験装置の使い方の正誤を問う「実験に関する深い理解を問う問題」を扱いました。 |
| カテゴリー Ⅲ | **グラフ・図を読み解く問題** |
| | 　「グラフや図から実験の状況や結果などを読み取る問題」を扱いました。 |
| カテゴリー Ⅳ | **読解問題** |
| | 　「導入の文章から必要な情報を読み取る問題」を扱いました。例えば，次のような問題を出題しています。<br>① 高校の教科書・教材であまり扱われていない題材に関する問題。<br>② 2人以上で対話している形式の問題。<br>③ 問題冒頭に比較的長めの文章があり，それを読んだ上で解答する問題。 |

# 目　次

# 解答編の使い方

## 64 ⑤

### グラフ・図の読み取り方

(本冊 p.34)

放射性同位体 $^{14}C$ は不安定で，放射線を出して自然に他の元素に変化する。図1は，$^{14}C$ の割合が時間とともに減少する様子を表している。

植物は二酸化炭素を常に取り込んでおり，植物の体内には大気と同じ割合の $^{14}C$ が含まれている。植物が枯れると体内の $^{14}C$ は放射線を出して減少していくことが知られており，残っている $^{14}C$ の割合からその植物が生きていた年代を推定できる。

遺跡で発見されたある木片を調べたところ，$^{14}C$ の割合は大気中の割合の 12.5 % であった。この木片が枯れたのは，およそ何年前と考えられるか。最も適当なものを次の ①〜⑥ のうちから一つ選べ。ただし，$^{14}C$ の自然界での割合はほぼ一定で，大気に含まれる $^{14}C$ の割合は一定で変わらなかったものとする。

① 1910 年前　② 2865 年前　③ 5730 年前
④ 11460 年前　⑤ 17190 年前　⑥ 22920 年前

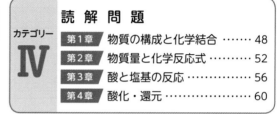

$^{14}C$ の割合が半分になるのにかかる時間(半減期)は，5730 年と読み取る。

### 解説

**思考の過程▶** 図1より，$^{14}C$ の割合が大気の割合の 50 % になるのに要する時間は 5730 年であることがわかる。さらにその半分の 25 % になるのに要する時間は，5730 年×2＝11460 年である。このことから，$^{14}C$ の割合が 12.5 % になるのに要する時間を求めればよい。

カテゴリーIII・IVでは問題文を再掲載し，問題文やグラフ・図から読み取れることや読んだ際に気づくべきポイントをまとめています。

解答に至る手順を記載しています。
どういう流れで解答するかをイメージできます。

確実に身につけておきたい基本的な知識を掲載しています。

### 知識の確認 $SO_2$ の還元剤としてのはたらきを示す反応式のつくり方

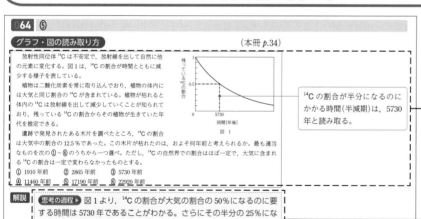

| つくり方 | 例 |
|---|---|
| (1)左辺に反応物を，右辺にこれが酸化された生成物を書く。 | $\underset{+4}{SO_2} \longrightarrow \underset{+6}{SO_4^{2-}}$ |
| (2)酸化数が増加した分だけ，右辺に電子 $e^-$ を加える。 | $SO_2 \longrightarrow SO_4^{2-} + 2e^-$ |
| (3)両辺の電荷の総和が等しくなるように，右辺に水素イオン $H^+$ を加える。 | $SO_2 \longrightarrow SO_4^{2-} + 4H^+ + 2e^-$ |
| (4)両辺の原子の数が等しくなるように，左辺に水 $H_2O$ を加える。 | $SO_2 + 2H_2O \longrightarrow SO_4^{2-} + 4H^+ + 2e^-$ |

## 第1章　物質の構成と化学結合

### 例題　物質の分離・精製　⏱2分

次の記述 **a~c** に関連する現象または操作の組合せとして最も適当なものを，下の ①~⑧ のうちから一つ選べ。

**a** ナフタレンからできている防虫剤を洋服ダンスの中に入れておくと，<u>徐々に小さくなる。</u>❶

**b** ティーバッグに，<u>湯を注いで</u>❷，紅茶をいれる。

**c** ぶどう酒(ワイン)から，<u>アルコール濃度のより高い</u>❸ブランデーがつくられている。

| | a | b | c |
|---|---|---|---|
| ① | 蒸発 | 抽出 | 蒸留 |
| ② | 蒸発 | 蒸留 | ろ過 |
| ③ | 蒸発 | 蒸留 | 抽出 |
| ④ | 蒸発 | 中和 | 蒸留 |
| ⑤ | 昇華 | 抽出 | ろ過 |
| ⑥ | 昇華 | 蒸留 | 抽出 |
| ⑦ | 昇華 | 抽出 | 蒸留 |
| ⑧ | 昇華 | 中和 | ろ過 |

[2018 試行調査]

❶固体から直接気体になる現象を考える。

❷湯に紅茶の成分を溶かし出す操作と読み取る。

❸ぶどう酒の主成分である水とエタノール(アルコールの一種)からエタノールを分離する操作を考える。

**解説** **a** ナフタレン①には固体から直接気体になりやすい性質があるので，室温で固体を置いておく②と少しずつ気体に変化して洋服ダンスの中に行き渡る。このように固体から直接気体に状態変化する現象を，**昇華**という。

**b** 紅茶の茶葉が入ったティーバッグをカップに入れて湯を注ぐと，液体中に茶葉の成分が出てくる。このように液体(溶媒)を使って成分を分離する操作を**抽出**という。

**c** ぶどう酒は成分として水やエタノール，糖，アミノ酸などを含んでいる。ぶどう酒を**蒸留**して得られるブランデーは，水よりも沸点の低いエタノール(アルコール)を多く含み，アルコール濃度が高い。よって，組合せとして最も適当なものは，⑦。

①ナフタレンのほか，ヨウ素やドライアイスなども昇華しやすい性質をもつ。

②室温では昇華が徐々に進むため，長期に渡って防虫効果が維持される。

**解答** ⑦

### 知識の確認　物質を分離・精製する方法

| 名　称 | 操作方法 |
|---|---|
| 昇　華 | 固体が直接気体になることを利用して，物質を分離・精製する。 |
| 抽　出 | 溶媒に対する溶解度の差を利用し，目的とする物質を溶解して分離する。 |
| 蒸　留 | 液体を加熱して気体にした後，冷却して再び液体にして分離・精製する。 |

## 001. 単体と化合物，純物質と混合物 ⏱2分

次の **a・b** に当てはまる二つの物質の組合せとして最も適当なものを，下の ①～⑤ のうちから一つずつ選べ。

**a** 単体と化合物

**b** 純物質と混合物

① ダイヤモンドと黒鉛　　② 塩素と塩化ナトリウム　　③ 塩化水素と塩酸

④ メタンとエタン　　⑤ 希硫酸とアンモニア水

〔2018 センター追試〕

## 002. 同素体 ⏱1分

同素体に関する記述として**誤りを含むもの**を，次の ①～⑤ のうちから一つ選べ。

① ダイヤモンドは炭素の同素体の一つである。

② 炭素の同素体には電気を通すものがある。

③ 黄リンはリンの同素体の一つである。

④ 硫黄の同素体にはゴムに似た弾性をもつものがある。

⑤ 酸素には同素体が存在しない。

〔2017 センター本試〕

## 003. 状態変化 ⏱1分

図は，大気圧のもとで氷に同じ割合で加熱したときの温度変化を表している。**AB** 間，**CD** 間，**EF** 間での水分子の運動の様子を表す**ア～ウ**の記述の組合せとして正しいものを，下の ①～⑤ のうちから一つ選べ。ただし，大気圧は $1.01×10^5$ Pa とする。

**ア** 水分子が互いに作用を及ぼしながら，比較的自由に移動している。

**イ** 水分子の分子間の距離が大きく，自由に飛びまわっている。

**ウ** 水分子は，位置がほぼ固定されており，わずかに振動している。

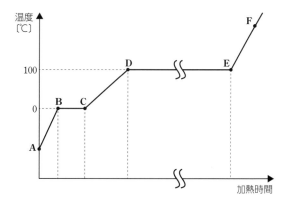

|  | **AB** 間 | **CD** 間 | **EF** 間 |
|---|---|---|---|
| ① | ア | イ | ウ |
| ② | ア | ウ | イ |
| ③ | イ | ア | ウ |
| ④ | ウ | ア | イ |
| ⑤ | ウ | イ | ア |

## 004. 物理変化と化学変化 ⏱1分

次の現象に関する記述のうち，下線部が化学変化によるものはどれか。最も適当なものを，次の ①～④ のうちから一つ選べ。

① 氷砂糖を水の中に入れておくと，<u>氷砂糖が小さくなった</u>。

② やかんで水を加熱して沸騰させると，<u>湯気が出た</u>。

③ ドライアイスを室温で放置すると，<u>ドライアイスが小さくなった</u>。

④ 貝殻を希塩酸の中に入れておくと，<u>貝殻が小さくなった</u>。

〔2019 センター追試〕

## 005. 炎色反応, 沈殿反応 ⏱3分

純物質アと純物質イの固体をそれぞれ別のビーカーに入れ，次の実験Ⅰ～Ⅲを行った。アとイに当てはまる純物質として最も適当なものを，下の①～⑥のうちから一つずつ選べ。

**実験Ⅰ** アの固体に水を加えてかき混ぜると，アはすべて溶けた。

**実験Ⅱ** 実験Ⅰで得られたアの水溶液の炎色反応を観察したところ，黄色を示した。また，アの水溶液に硝酸銀水溶液を加えると，白色沈殿が生じた。

**実験Ⅲ** イの固体に水を加えてかき混ぜてもイは溶けなかったが，続けて塩酸を加えると気体の発生を伴ってイが溶けた。

① 硝酸カリウム ② 硝酸ナトリウム ③ 炭酸カルシウム
④ 硫酸バリウム ⑤ 塩化カリウム ⑥ 塩化ナトリウム

[2018 センター本試]

## 006. 原子の構造 ⏱1分

原子に関する記述として**誤りを含むもの**を，次の①～⑤のうちから一つ選べ。

① 陽子の数を原子番号という。
② 陽子の数と中性子の数の和を質量数という。
③ 原子がもつ陽子の数と電子の数は等しい。
④ $^7_3Li$ がもつ中性子の数は 3 個である。
⑤ 同一原子では，K 殻にある電子は L 殻にある電子よりもエネルギーの低い安定な状態にある。

[2012 センター追試]

## 007. 質量数 ⏱2分

表に示す陽子の数，中性子の数，電子の数をもつ原子または単原子イオンア～カの中で，陰イオンのうち質量数が最も大きいものを，下の①～⑥のうちから一つ選べ。

| | 陽子の数 | 中性子の数 | 電子の数 |
|---|---|---|---|
| ア | 16 | 18 | 18 |
| イ | 17 | 18 | 18 |
| ウ | 17 | 20 | 17 |
| エ | 19 | 20 | 18 |
| オ | 19 | 22 | 19 |
| カ | 20 | 20 | 18 |

① ア ② イ ③ ウ ④ エ ⑤ オ ⑥ カ

[2018 センター本試]

## 008. 同位体 ⏱1分

同位体に関する記述として**誤りを含むもの**を，次の①～⑤のうちから一つ選べ。

① 互いに同位体である原子は，質量数が異なる。
② 互いに同位体である原子は，電子の数が異なる。
③ 互いに同位体である原子は，同じ元素記号で表される。
④ 原子量は，同位体の相対質量を，存在比を用いて平均した値である。
⑤ 地球上の物質中には，放射性同位体を含むものがある。

[2016 センター本試]

## 009. 最外殻電子の数 ⏱3分

電子が入っている最も外側の電子殻の電子の数が同じでない原子やイオンの組合せを，次の①～⑥のうちから一つ選べ。

① $H$ と $Li$　② $He$ と $Ne$　③ $O$ と $S$　④ $Ar$ と $K^+$　⑤ $F^-$ と $Na^+$　⑥ $S^{2-}$ と $Cl^-$

〔2013 センター追試〕

## 010. 電子配置 ⏱2分

ホウ素原子の電子配置の模式図として最も適当なものを，次の①～⑥のうちから一つ選べ。

① 　② 　③ 　④ 　⑤ 　⑥

⬤ 原子核(数字は陽子の数)

● 電子

〔2018 センター本試〕

## 011. 電子配置 ⏱3分

単原子イオンと貴ガス原子の電子配置が互いに異なるものを，次の①～⑥のうちから一つ選べ。

① $Al^{3+}$ と $Ne$　② $Ca^{2+}$ と $Ar$　③ $F^-$ と $Ne$　④ $Li^+$ と $He$　⑤ $Na^+$ と $Ar$　⑥ $O^{2-}$ と $Ne$

〔2018 センター追試〕

## 012. イオン化エネルギー・電子親和力 ⏱2分

イオンとその生成に関する記述として誤りを含むものを，次の①～⑤のうちから一つ選べ。

① イオン化エネルギー(第一イオン化エネルギー)が小さい原子は，陽イオンになりやすい。
② 電子親和力が大きい原子は，陰イオンになりやすい。
③ 17 族元素の原子は，同一周期の他の元素の原子と比較して，陰イオンになりやすい。
④ 18 族元素の原子は，同一周期の中でイオン化エネルギー(第一イオン化エネルギー)が最も大きい。
⑤ 2 族元素の原子の 2 価の陽イオンは，同一周期の貴ガスと同じ電子配置である。

〔2017 センター追試〕

## 013. 元素の周期表 ⏱1分

元素の周期表に関する記述として誤りを含むものを，次の①～⑤のうちから一つ選べ。

① 2 族元素の原子は，2 価の陽イオンになりやすい。
② 17 族元素の原子の価電子の数は，7 である。
③ 18 族元素は，反応性に乏しい。
④ 典型元素は，すべて非金属元素である。
⑤ 遷移元素は，すべて金属元素である。

〔2013 センター本試〕

## 14. イオン結合とイオン結晶 ⏱2分

次の **a・b** に当てはまるものを，それぞれの解答群のうちから一つずつ選べ。

**a** イオン結合を含まないもの

① HCl ② NaCl ③ NH₄Cl ④ KBr ⑤ Ca(OH)₂ ⑥ BaCl₂

**b** 結晶がイオン結晶でないもの

① 二酸化ケイ素 ② 硝酸ナトリウム ③ 塩化銀
④ 硫酸アンモニウム ⑤ 酸化カルシウム ⑥ 炭酸カルシウム

[2014 センター追試，2017 センター本試]

## 15. イオンからなる身のまわりの物質 ⏱2分

イオンからなる身のまわりの物質に関する次の記述 **a〜c** に当てはまるものを，下の①〜⑤のうちから一つずつ選べ。

**a** 水に溶けると塩基性を示し，ベーキングパウダー(ふくらし粉)に主成分として含まれる。

**b** 水にも塩酸にもきわめて溶けにくく，胃のX線(レントゲン)撮影の造影剤に用いられる。

**c** 水に溶けると中性を示し，乾燥剤に用いられる。

① 塩化カルシウム ② 炭酸水素ナトリウム ③ 炭酸ナトリウム
④ 炭酸カルシウム ⑤ 硫酸バリウム

[2019 センター本試]

## 16. 共有結合と共有結合結晶 ⏱2分

次の **a・b** に当てはまるものを，それぞれの解答群のうちから一つずつ選べ。

**a** 三重結合をもつ分子

① 酸素 ② ヨウ素 ③ 窒素 ④ 二酸化炭素 ⑤ 水 ⑥ エチレン

**b** 共有結合結晶であるものの組合せ

① ダイヤモンドとケイ素 ② ドライアイスとヨウ素 ③ 塩化アンモニウムと氷
④ 銅とアルミニウム ⑤ 酸化カルシウムと硫酸カルシウム

[2018 センター本試]

## 17. 非共有電子対・共有電子対の数 ⏱3分

次の記述 **a・b** に当てはまる分子またはイオンとして最も適当なものを，下の①〜⑥のうちから一つずつ選べ。ただし，同じものを選んでもよい。

**a** 非共有電子対が存在しない

**b** 共有電子対が2組だけ存在する

① $H_2O$ ② $OH^-$ ③ $NH_3$ ④ $NH_4^+$ ⑤ HCl ⑥ $Cl_2$

[2016 センター本試]

## 18. 極性分子と無極性分子 ⏱1分

無極性分子であるものを，次の①〜⑤のうちから一つ選べ。

① $CO_2$ ② HF ③ $CH_3Cl$ ④ $H_2O$ ⑤ HCN

[2015 センター本試]

## ◯19. 物質の分類 ⏱3分

次のグループA・Bの各組には，共通した特徴をもつ四つの物質と，その特徴をもたない一つの物質が含まれている。**その特徴をもたない一つの物質**を「物質」の①〜⑤のうちから，**四つの物質に共通する特徴**として最も適当なものを「共通する特徴」の⑥〜⑨のうちから，それぞれ一つずつ選べ。ただし，すべての物質は常温・常圧下にあるものとする。

(1) グループA

物質：　　① アンモニア　　② 塩素　　③ 硫化水素　　④ 水素　　⑤ 酸素

共通する特徴：⑥ 気体である。　　　　　⑦ 特有のにおいがある。

　　　　　　　⑧ 水に多量に溶ける。　　⑨ 無色である。

(2) グループB

物質：　　① 二酸化ケイ素　　② ケイ素　　③ ダイヤモンド

　　　　　④ カルシウム　　　⑤ 黒鉛

共通する特徴：⑥ 共有電子対がある。　　　　⑦ 構成粒子間に分子間力がある。

　　　　　　　⑧ 自由電子による結合がある。　⑨ イオンによる静電気的な引力がある。

[2016 関西大 改]

## ◯20. 分子結晶 ⏱1分

分子結晶に関する記述として**誤りを含むもの**を，次の①〜⑥のうちから一つ選べ。

① 分子が規則正しく配列してできた固体である。

② 通常，イオン結晶と比べて融点が低い。

③ 昇華するものがある。

④ 分子結晶をつくる主要な力は，分子間力である。

⑤ 電気伝導性を示さないものが多い。

⑥ 極性分子は分子結晶にならない。

[2017 センター追試]

## ◯21. 身近に使われている金属 ⏱2分

身近に使われている金属に関する次のa〜cの文中の空欄 ア 〜 ウ に入る語の組合せとして最も適当なものを，下の①〜⑥のうちから一つ選べ。

a ア は，電気をよく通し，導線に使われている。

b イ は，最も生産量が多く，橋，ビルや機械器具の構造材料に使われている。

c ウ は，軽く，飲料用缶やサッシ(窓枠)に使われている。

|   | ア | イ | ウ |
|---|---|---|---|
| ① | アルミニウム | 銅 | 鉄 |
| ② | アルミニウム | 鉄 | 銅 |
| ③ | 鉄 | 銅 | アルミニウム |
| ④ | 鉄 | アルミニウム | 銅 |
| ⑤ | 銅 | アルミニウム | 鉄 |
| ⑥ | 銅 | 鉄 | アルミニウム |

[2018 試行調査]

## 例題　物質量　⏱3分

ある元素 X の酸化物 $XO_2$ は常温・常圧で気体であり，この気体を一定体積とって質量を測定すると 0.64 g であった。一方，❶そのときと同温・同圧で，同じ体積の気体のネオンの質量は 0.20 g であった。元素 X の原子量はいくらか。最も適当な数値を，次の①〜⑥のうちから一つ選べ。O＝16，Ne＝20

① 12　　② 14　　③ 28　　④ 32　　⑤ 35.5　　⑥ 48

［2017 試行調査］

❶同温・同圧で，同じ体積であることから，0.64 g の $XO_2$ の物質量と 0.20 g のネオンの物質量が等しいことを読み取る。

**解説**　元素 X の原子量を $x$ とすると，酸化物 $XO_2$ のモル質量①は，次の式で表される。

$$(x+16\times2)\,\text{g/mol}=(x+32)\,\text{g/mol}$$

アボガドロの法則より，同温・同圧で同じ体積の気体の物質量は，気体の種類によらず等しいことから，0.64 g の酸化物 $XO_2$ の物質量と 0.20 g のネオン Ne の物質量②は等しい。

$$\frac{XO_2\text{ の質量[g]}}{XO_2\text{ のモル質量[g/mol]}}=\frac{\text{Ne の質量[g]}}{\text{Ne のモル質量[g/mol]}}\ \text{より,}$$

$$\frac{0.64\,\text{g}}{(x+32)\,\text{g/mol}}=\frac{0.20\,\text{g}}{20\,\text{g/mol}}\qquad x=32$$

よって，元素 X の原子量は 32 である。

①物質を構成する粒子 1mol 当たりの質量を**モル質量**という。

②物質量$[\text{mol}]=\dfrac{\text{質量[g]}}{\text{モル質量[g/mol]}}$

**解答**　④

### 知識の確認　アボガドロの法則

同温・同圧のもとで同じ体積の気体には，気体の種類によらず，同じ数の分子が含まれている。

### 知識の確認　物質量の計算

① 物質量$[\text{mol}]=\dfrac{\text{質量[g]}}{\text{モル質量[g/mol]}}$　⟺　質量$[\text{g}]＝$モル質量$[\text{g/mol}]\times$物質量$[\text{mol}]$

② 物質量$[\text{mol}]=\dfrac{\text{粒子の数}}{6.0\times10^{23}/\text{mol}}$　⟺　粒子の数$＝6.0\times10^{23}/\text{mol}\times$物質量$[\text{mol}]$

③ 物質量$[\text{mol}]=\dfrac{\text{気体の体積[L]}}{22.4\,\text{L/mol}}$　⟺　気体の体積$[\text{L}]＝22.4\,\text{L/mol}\times$物質量$[\text{mol}]$

※気体の体積は標準状態におけるものとする

## 22.　同位体の存在比　⏱3分

ガリウム Ga は，$^{69}\text{Ga}$ と $^{71}\text{Ga}$ の二つの同位体からなり，原子量は 69.7 である。$^{69}\text{Ga}$ の存在比（原子の数の割合）は何%か。最も適当な数値を，次の①〜⑥のうちから一つ選べ。ただし，$^{69}\text{Ga}$ の相対質量は 68.9，$^{71}\text{Ga}$ の相対質量は 70.9 とする。

① 35　　② 40　　③ 45　　④ 55　　⑤ 60　　⑥ 65

［2015 センター追試］

## ０23. 合金中の金属の含有量 ⏱3分

　ニッケル Ni を含む合金 6.0 g から，すべての Ni を酸化ニッケル(Ⅱ)NiO として得た。この NiO の質量が 1.5 g であるとき，元の合金中の Ni の含有率(質量パーセント)は何％か。最も適当な数値を，次の①～⑥のうちから一つ選べ。O＝16，Ni＝59

① 5.5　　② 7.8　　③ 10　　④ 16　　⑤ 20　　⑥ 25

〔2019 センター本試〕

## ０24. 物質に含まれる粒子の数 ⏱3分

　下線部の数値が最も大きいものを，次の①～④のうちから一つ選べ。
① 標準状態のアンモニア 22.4 L に含まれる<u>水素原子の数</u>
② メタノール $CH_3OH$ 1 mol に含まれる<u>酸素原子の数</u>
③ ヘリウム 1 mol に含まれる<u>電子の数</u>
④ 1 mol/L の塩化カルシウム水溶液 1 L 中に含まれる<u>塩化物イオンの数</u>

〔2013 センター本試 改〕

## ０25. 原子量の計算 ⏱3分

　ある金属 M の単体の密度は 7.2 g/cm³ であり，その 1.0 cm³ には $8.3×10^{22}$ 個の M 原子が含まれている。このとき，M の原子量として最も適当な数値を，次の①～⑦のうちから一つ選べ。
アボガドロ定数＝$6.0×10^{23}$/mol

① 7.2　　② 23　　③ 27　　④ 39　　⑤ 52　　⑥ 55　　⑦ 72

〔2016 センター本試〕

## ０26. 物質量と質量 ⏱3分

　水酸化ナトリウム NaOH と炭酸ナトリウム $Na_2CO_3$ のみからなる混合物 9.3 g 中に含まれる炭酸イオンの物質量が 0.050 mol であるとき，混合物中に含まれる NaOH の質量は何 g か。最も適当な数値を，次の①～⑤のうちから一つ選べ。H＝1.0，C＝12，O＝16，Na＝23

① 4.0　　② 5.2　　③ 6.3　　④ 7.3　　⑤ 8.8

〔2019 センター追試〕

## 027. モル濃度 ⏱3分

0℃，$1.013×10^5$Pa で 560 mL の塩化水素を純水に溶かし，塩酸 50 mL をつくった。この塩酸のモル濃度は何 mol/L か。最も適当な数値を，次の ①〜⑥ のうちから一つ選べ。

① 0.025　　② 0.050　　③ 0.25　　④ 0.50　　⑤ 2.5　　⑥ 5.0

〔2015 センター追試〕

## 028. モル濃度 ⏱2分

質量パーセント濃度 $a$〔%〕，密度 $d$〔g/cm$^3$〕の硫酸がある。硫酸のモル質量を $M$〔g/mol〕としたとき，硫酸のモル濃度〔mol/L〕を表す式として正しいものを，次の ①〜⑥ のうちから一つ選べ。

① $10adM$　　② $1000adM$　　③ $\dfrac{10aM}{d}$　　④ $\dfrac{1000aM}{d}$　　⑤ $\dfrac{10ad}{M}$　　⑥ $\dfrac{1000ad}{M}$

## 029. 水和物の水溶液のモル濃度 ⏱3分

硫酸銅（Ⅱ）五水和物 50 g を水に溶解させ，500 mL の水溶液とした。この水溶液のモル濃度は何 mol/L か。最も適当な数値を，次の ①〜⑤ のうちから一つ選べ。H=1.0，O=16，S=32，Cu=64

① 0.10　　② 0.20　　③ 0.31　　④ 0.40　　⑤ 0.63

〔2013 センター追試〕

## 030. 溶解度曲線 ⏱2分

右の図は硝酸カリウム KNO$_3$ の温度による溶解度の変化を表している。60℃の水 100 g に硝酸カリウムを 90.5 g 溶かし，この水溶液を 30℃に冷却した。このときに析出する硝酸カリウムの質量とその物質量の組合せとして正しいものを，次の ①〜⑤ のうちから一つ選べ。N=14，O=16，K=39

|  | 質量〔g〕 | 物質量〔mol〕 |
|---|---|---|
| ① | 50.5 | 0.50 |
| ② | 50.5 | 1.0 |
| ③ | 70.0 | 0.50 |
| ④ | 70.0 | 1.0 |
| ⑤ | 101 | 1.0 |

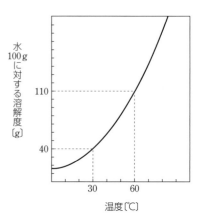

図　硝酸カリウムの溶解度曲線

## 31. 化学反応式の係数 ⏱3分

家庭用の燃料電池システムでは，メタンを主成分とする都市ガスを原料として水素がつくられる。このことに関連する次の化学反応式中の係数 $a \sim d$ の組合せとして正しいものを，下の ① ~ ④ のうちから一つ選べ。

$$a\,CH_4 + b\,H_2O \longrightarrow c\,H_2 + d\,CO_2$$

|   | $a$ | $b$ | $c$ | $d$ |
|---|---|---|---|---|
| ① | 1 | 1 | 1 | 1 |
| ② | 2 | 1 | 6 | 2 |
| ③ | 1 | 2 | 4 | 1 |
| ④ | 1 | 2 | 3 | 1 |

［2019 センター追試］

## 32. 化学反応の量的関係 ⏱3分

ある元素 M の単体 1.30 g を空気中で強熱したところ，すべて反応して酸化物 MO が 1.62 g 生成した。M の原子量として最も適当な数値を，次の ① ~ ⑤ のうちから一つ選べ。O＝16

① 24　　② 48　　③ 52　　④ 56　　⑤ 65

［2012 センター本試］

## 33. 化学反応の量的関係 ⏱4分

窒素 1.00 mol と水素 3.00 mol を混合し，触媒を用いて反応させたところ，窒素の 25.0 % がアンモニアに変化した。標準状態で反応前後の混合気体の体積を比較するとき，その変化に関する記述として最も適当なものを，次の ① ~ ⑤ のうちから一つ選べ。

① 22.4 L 減少する。　　② 16.8 L 減少する。　　③ 11.2 L 減少する。
④ 5.60 L 減少する。　　⑤ 変化しない。

［2012 センター追試］

## 例題 酸と塩基 ⏱1分

酸と塩基に関する記述として**誤りを含むもの**を，次の①〜⑤のうちから一つ選べ。

① 水に溶かすと電離して水酸化物イオン $OH^-$ を生じる物質は，塩基である。
  ❶

② 水素イオン $H^+$ を受け取る物質は，酸である。
  ❷

③ 水は，酸としても塩基としてもはたらく。

④ $0.1\,mol/L$ 酢酸水溶液中の酢酸の電離度は，同じ濃度の塩酸中の塩化水素の電離度より小さい。

⑤ pH2 の塩酸を水で薄めると，その pH は大きくなる。

[2012 センター本試]

❶ アレーニウスの定義により正誤を判断する。

❷ ブレンステッド・ローリーの定義により正誤を判断する。

**解説** ○① アレーニウスの定義によると，酸とは水溶液中で水素イオン $H^+$ を生じる物質，塩基とは水溶液中で $OH^-$ を生じる物質である。

✗② 水素イオン $H^+$ を受け取る物質は，酸である。
　→ブレンステッド・ローリーの定義によると，酸とは $H^+$ を他に与える物質，塩基とは $H^+$ を他から受け取る物質である。

○③ 水 $H_2O$ のように，反応する相手によって酸にも塩基にもなる物質がある[①]。

○④ 塩化水素のような強酸はほぼ完全に電離するので電離度がほぼ1となるが，酢酸のような弱酸は一部が電離するだけなので電離度が小さい。よって，同じ濃度の水溶液を比べた場合，酢酸の電離度は塩化水素の電離度より小さい。

○⑤ 酸を水で薄めると，水溶液中の水素イオン濃度 $[H^+]$ が小さくなるので，pH は大きくなる[②]。

よって，誤りを含むものは，②。

**解答** ②

[①] $H_2O$ が酸としてはたらく例
$$\underset{\text{酸}}{H_2O} + \underset{\text{塩基}}{NH_3} \rightleftharpoons OH^- + NH_4^+$$
$H_2O$ が塩基としてはたらく例
$$\underset{\text{塩基}}{H_2O} + \underset{\text{酸}}{HCl} \longrightarrow H_3O^+ + Cl^-$$

[②] $[H^+] = 1 \times 10^{-n}\,mol/L$ のとき，
$pH = n$
$[H^+]$ が小さくなる
　→ $n$ の値が大きくなる
　→ pH が大きくなる

## 知識の確認 酸・塩基の定義

| 定　義 | 酸 | 塩　基 |
|---|---|---|
| アレーニウスの定義 | 水溶液中で水素イオン $H^+$ を生じる物質 | 水溶液中で水酸化物イオン $OH^-$ を生じる物質 |
| ブレンステッド・ローリーの定義 | 水素イオン $H^+$ を他に与える物質 | 水素イオン $H^+$ を他から受け取る物質 |

## 知識の確認 電離度と酸・塩基の強弱

電離度 $\alpha = \dfrac{\text{電離している酸(塩基)の物質量}}{\text{溶けている酸(塩基)の物質量}}$ $(0 < \alpha \leqq 1)$

・強酸・強塩基の電離度は，ほぼ1である。
・弱酸・弱塩基の電離度は，小さい。
・濃度や温度によって電離度は変化する。

## 034. 酸・塩基の定義 ⏱2分

次の反応ア～オのうち，下線をつけた物質が酸としてはたらいているものはどれか。正しく選択しているものを，下の①～⑧のうちから一つ選べ。

ア　$NH_3 + \underline{H_2O} \rightleftharpoons NH_4^+ + OH^-$

イ　$HCl + \underline{NH_3} \longrightarrow NH_4^+ + Cl^-$

ウ　$HSO_4^- + \underline{H_2O} \rightleftharpoons SO_4^{2-} + H_3O^+$

エ　$\underline{HCO_3^-} + OH^- \longrightarrow CO_3^{2-} + H_2O$

オ　$\underline{HCO_3^-} + HCl \longrightarrow CO_2 + Cl^- + H_2O$

① ア，ウ　　　② イ，エ　　　③ ア，エ　　　④ イ，ウ

⑤ ア，ウ，オ　⑥ イ，エ，オ　⑦ ア，エ，オ　⑧ イ，ウ，オ

## 035. 酸の電離 ⏱3分

0.10 mol/L の酢酸水溶液 1.0 L には，電離してできた酢酸イオンが何個あるか。最も適当な数値を，次の①～⑥のうちから一つ選べ。ただし，この水溶液中の酢酸の電離度は $1.6 \times 10^{-2}$，アボガドロ定数は $6.0 \times 10^{23}$/mol とする。

① $4.8 \times 10^{20}$　② $9.6 \times 10^{20}$　③ $1.9 \times 10^{21}$　④ $4.8 \times 10^{21}$　⑤ $9.6 \times 10^{21}$　⑥ $5.9 \times 10^{22}$

〔2019 センター追試〕

## 036. 血液のpH ⏱1分

心臓の手術をするときは，心臓と肺の機能を代行する人工心肺装置を用いる。そのうち人工肺は，血液に酸素を供給し，血液から二酸化炭素を取り除く。このとき二酸化炭素が十分に除かれないと，血液中の二酸化炭素濃度が高くなり，pH が変化してしまう。この現象を説明する次の文章中の空欄 ア ・ イ に入るものの組合せとして正しいものを，右の①～④のうちから一つ選べ。

| | ア | イ |
|---|---|---|
| ① | $H^+$ | 高　く |
| ② | $H^+$ | 低　く |
| ③ | $HCO_3^-$ | 高　く |
| ④ | $HCO_3^-$ | 低　く |

二酸化炭素は血液に溶け，一部が次のように電離する。

$CO_2 + H_2O \longrightarrow H^+ + HCO_3^-$

ここで生じた ア のため，血液の pH が イ なる。

〔2015 センター本試〕

## 037. 酸と塩基 ⏱1分

酸と塩基に関する記述として**誤りを含むもの**を，次の①～④のうちから一つ選べ。

① 強酸を純水で希釈しても，pH が 7 より大きくなることはない。

② $[H^+] = 1.0 \times 10^{-x}$ mol/L のとき，pH は $x$ である。

③ 0.010 mol/L の塩酸と 0.010 mol/L の硫酸の水素イオン濃度は等しい。

④ 水酸化カリウムは 1 価の強塩基である。

〔2018 センター追試〕

## 38. 水素イオン濃度とpH ⏱3分

$5.0×10^{-2}$ mol/L の塩酸 20 mL を水で希釈して 100 mL とした水溶液 A と，pH＝1 の塩酸を水で 1000 倍に希釈した水溶液 B がある。水溶液 A と水溶液 B の pH を比べたとき，pH の大小について述べた記述として最も適当なものを，次の①～⑤のうちから一つ選べ。ただし，塩酸中で塩化水素は完全に電離しているものとする。

① 水溶液 A よりも水溶液 B のほうが，pH が 2 大きい。
② 水溶液 A よりも水溶液 B のほうが，pH が 1 大きい。
③ 水溶液 A と水溶液 B の pH は同じ。
④ 水溶液 A よりも水溶液 B のほうが，pH が 1 小さい。
⑤ 水溶液 A よりも水溶液 B のほうが，pH が 2 小さい。

## 39. 中和反応の量的関係 ⏱2分

濃度が不明の $n$ 価の酸の水溶液 $x$[mL]を，濃度は $c$[mol/L]で $m$ 価の塩基の水溶液を用いて過不足なく中和するには $y$[mL]を要した。この酸の水溶液の濃度[mol/L]を求める式として最も適当なものを，次の①～⑥のうちから一つ選べ。

① $\dfrac{cmy}{nx}$　　② $\dfrac{cny}{mx}$　　③ $\dfrac{cnx}{my}$　　④ $\dfrac{cmx}{ny}$　　⑤ $\dfrac{cy}{x}$　　⑥ $\dfrac{x}{cy}$

〔2017 センター追試〕

## 40. 中和滴定の指示薬 ⏱3分

0.10 mol/L シュウ酸水溶液 10 mL に指示薬としてフェノールフタレインを入れ，0.10 mol/L 水酸化ナトリウム水溶液で滴定した。滴下量と溶液の色の関係を示す図として最も適当なものを，右の①～⑥のうちから一つ選べ。

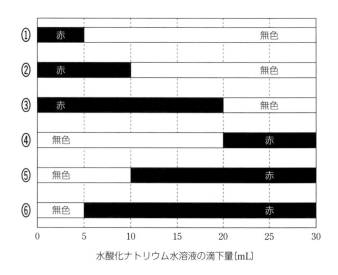

水酸化ナトリウム水溶液の滴下量[mL]

〔2019 センター追試〕

## 041. 酢酸の濃度 ⏱3分

中和反応を利用して食酢の濃度を求めるため，次の**操作1~3**を行ったところ，食酢の質量パーセント濃度は 4.2 % だった。**操作3**の文章中の空欄　ア　に入る数値として最も適当なものを，下の①～⑧のうちから一つ選べ。ただし，食酢は酢酸と水の混合物とする。

**操作1** 市販の食酢 10 g に水を加えて体積を 100 mL にした。

**操作2** 操作1の溶液から 20 mL をビーカーにとり，そこにフェノールフタレイン溶液を数滴加えた。溶液の色は変わらなかった。

**操作3** 操作2の溶液に水酸化ナトリウム水溶液を少しずつ加えた。　ア　mL 加えたとき，溶液の色が薄い赤色に変わった。ここで用いた水酸化ナトリウム水溶液の 1.0 mL は，酢酸 0.0060 g と中和する。

① 0.70　② 0.84　③ 1.4　④ 7.0　⑤ 8.4　⑥ 14　⑦ 70　⑧ 84

〔2013 センター本試〕

## 042. 滴定曲線 ⏱3分

1価の塩基 A の 0.10 mol/L 水溶液 10 mL に，酸 B の 0.20 mol/L 水溶液を滴下し，pH メーター（pH 計）を用いて pH の変化を測定した。B の水溶液の滴下量と，測定された pH の関係を右の図に示す。この実験に関する記述として**誤りを含むもの**を，次の①～④のうちから一つ選べ。

① A は弱塩基である。

② B は強酸である。

③ 中和点までに加えられた B の物質量は，$1.0 \times 10^{-3}$ mol である。

④ B は 2 価の酸である。

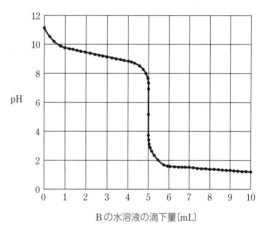

B の水溶液の滴下量〔mL〕

〔2012 センター本試〕

## 043. 塩の水溶液の性質 ⏱2分

次の塩ア～カには，下の記述（**a・b**）に当てはまる塩が二つずつある。その塩の組合せとして最も適当なものを，下の①～⑧のうちから一つずつ選べ。

ア $CH_3COONa$　イ $KCl$　ウ $Na_2CO_3$　エ $NH_4Cl$　オ $CaCl_2$　カ $(NH_4)_2SO_4$

**a** 水に溶かしたとき，水溶液が酸性を示すもの

**b** 水に溶かしたとき，水溶液が塩基性を示すもの

① アとウ　② アとオ　③ イとウ　④ イとエ
⑤ ウとカ　⑥ エとオ　⑦ エとカ　⑧ オとカ

〔2016 センター本試〕

## 044. 弱塩基の遊離 ⏱3分

質量パーセント濃度が 5.35 % の塩化アンモニウム水溶液 100 g に，十分な量の水酸化ナトリウムを加えて加熱し，すべてのアンモニウムイオンを気体のアンモニアとして回収できたとする。このとき，得られるアンモニアの質量は何 g か。最も適当な数値を，次の①～⑤のうちから一つ選べ。H＝1.0，N＝14，O＝16，Na＝23，Cl＝35.5

① 0.10　② 1.7　③ 1.8　④ 3.4　⑤ 3.6

〔2018 センター追試〕

**例題 酸化還元反応** ⏱2分

次の反応ア～オのうち，①酸化還元反応はどれか。正しく選択しているものを，下の①～⑥のうちから一つ選べ。

ア　$CH_3COONa + HCl \longrightarrow CH_3COOH + NaCl$

イ　$2CO + O_2 \longrightarrow 2CO_2$

ウ　$Cu(OH)_2 + H_2SO_4 \longrightarrow CuSO_4 + 2H_2O$

エ　$Mg + 2H_2O \longrightarrow Mg(OH)_2 + H_2$

オ　$NH_3 + HNO_3 \longrightarrow NH_4NO_3$

① ア，ウ　　　② イ，エ　　　③ イ，オ

④ ア，ウ，エ　⑤ ア，ウ，オ　⑥ イ，エ，オ

〔2018 センター本試〕

**❶反応の前後で原子の酸化数が変化しているものを選ぶ問題であると読み取る。**

**解説** 酸化還元反応は，反応の前後で原子の酸化数①が変化する。

ア　弱酸の塩と強酸から弱酸が遊離する反応である。

イ,エ　次の反応式のように酸化数が変化する物質が含まれているので，酸化還元反応である。

$$\underset{+2}{2CO} + \underset{0}{O_2}^② \longrightarrow \underset{+4 \;\; -2}{2CO_2}$$
酸化される→ / ←還元される

$$\underset{0}{Mg} + \underset{+1}{2H_2O} \longrightarrow \underset{+2}{Mg(OH)_2} + \underset{0}{H_2}$$
酸化される→ / ←還元される

ウ,オ　塩基と酸による中和反応である。

よって，酸化還元反応であるものは，イ，エ。

**解答** ②

①物質中の1個の原子の酸化の程度を表す数値。

②単体が化合物になったり化合物が単体になったりする反応は，酸化数の変化を伴うので，酸化還元反応である。

**知識の確認 酸化数の決め方**

(1) 単体中の原子の酸化数は0。　例　$\underset{0}{Na}$　$\underset{0}{O_2}$

(2) ふつう，化合物中のH原子の酸化数は+1，O原子の酸化数は-2。ただし，$H_2O_2$のO原子の酸化数は-1。
　　例　$\underset{+1}{NH_3}$　$\underset{-2}{CO_2}$　$\underset{-1}{H_2O_2}$

(3) 化合物中の原子の酸化数の総和は0。　例　$\underset{+1 \; -2}{H_2O}：\underset{H}{(+1)×2}+\underset{O}{(-2)×1}=0$

(4) 単原子イオンの酸化数は，そのイオンの電荷に等しい。　例　$\underset{+1}{Na^+}$　$\underset{-1}{Cl^-}$　$\underset{-2}{O^{2-}}$

(5) 多原子イオン中の原子の酸化数の総和は，そのイオンの電荷に等しい。　例　$\underset{-2 \; +1}{OH^-}：\underset{O}{(-2)×1}+\underset{H}{(+1)×1}=-1$

**45. 酸化還元反応** ⏱1分

酸化還元反応に関する記述として誤りを含むものを，次の①～④のうちから一つ選べ。

① 酸化還元反応では，必ず酸素原子または水素原子が関与する。

② オゾンは，酸化剤としてはたらく。

③ シュウ酸は，還元剤としてはたらく。

④ 二酸化硫黄は，反応する相手によって酸化剤としても還元剤としてもはたらく。

〔2018 センター追試〕

## 46. 酸化数 ⏱2分

反応の前後で，下線を付した原子の酸化数が3減少した化学反応を，次の①～④のうちから一つ選べ。

① $3Cu + 8\underline{H}NO_3 \longrightarrow 3Cu(NO_3)_2 + 4H_2O + 2\underline{N}O$
② $2H_2\underline{O}_2 \longrightarrow 2H_2O + \underline{O}_2$
③ $Fe + 2\underline{H}NO_3 \longrightarrow Fe(NO_3)_2 + \underline{H}_2$
④ $Ca\underline{C}O_3 \longrightarrow CaO + \underline{C}O_2$

[2015 センター本試]

## 47. 酸化剤と還元剤 ⏱2分

次の反応 **a・b** で，還元剤としてはたらく物質はどれか。組合せとして最も適当なものを，右の①～⑥のうちから一つ選べ。

**a** $2KI + H_2O_2 + H_2SO_4 \longrightarrow I_2 + K_2SO_4 + 2H_2O$
**b** $SO_2 + H_2O_2 \longrightarrow H_2SO_4$

| | 還元剤としてはたらく物質 | |
| --- | --- | --- |
| | 反応 **a** | 反応 **b** |
| ① | KI | $SO_2$ |
| ② | KI | $H_2O_2$ |
| ③ | $H_2O_2$ | $SO_2$ |
| ④ | $H_2O_2$ | $H_2O_2$ |
| ⑤ | $H_2SO_4$ | $SO_2$ |
| ⑥ | $H_2SO_4$ | $H_2O_2$ |

[2015 センター追試]

## 48. 酸化還元反応の反応式 ⏱3分

$MnO_4^-$ は，中性または塩基性水溶液中では酸化剤としてはたらき，次の反応式のように，ある2価の金属イオン $M^{2+}$ を酸化することができる。

$$MnO_4^- + aH_2O + be^- \longrightarrow MnO_2 + 2aOH^-$$
$$M^{2+} \longrightarrow M^{3+} + e^-$$

これらの反応式から電子 $e^-$ を消去すると，反応全体は次のように表される。

$$MnO_4^- + cM^{2+} + aH_2O \longrightarrow MnO_2 + cM^{3+} + 2aOH^-$$

これらの反応式の係数 $b$ と $c$ の組合せとして正しいものを，右の①～⑥のうちから一つ選べ。

| | $b$ | $c$ |
| --- | --- | --- |
| ① | 2 | 1 |
| ② | 2 | 2 |
| ③ | 2 | 3 |
| ④ | 3 | 1 |
| ⑤ | 3 | 2 |
| ⑥ | 3 | 3 |

[2017 センター本試]

## 49. 酸化還元滴定 ⏱3分

濃度不明の過酸化水素水 10.0 mL を希硫酸で酸性にし，これに 0.0500 mol/L の過マンガン酸カリウム水溶液を滴下した。滴下量が 20.0 mL のときに赤紫色が消えずにわずかに残った。過酸化水素水の濃度[mol/L]として最も適当な数値を，下の①～⑥のうちから一つ選べ。ただし，過酸化水素および過マンガン酸イオンの反応は，電子を含む次のイオン反応式で表される。

$$H_2O_2 \longrightarrow O_2 + 2H^+ + 2e^-$$
$$MnO_4^- + 8H^+ + 5e^- \longrightarrow Mn^{2+} + 4H_2O$$

① 0.0250　② 0.0400　③ 0.0500　④ 0.250　⑤ 0.400　⑥ 0.500

[2015 センター本試]

## 50. 酸化還元滴定 ⏱3分

物質 A を溶かした水溶液がある。この水溶液を 2 等分し，それぞれの水溶液中の A を，硫酸酸性条件下で異なる酸化剤を用いて完全に酸化した。0.020 mol/L の過マンガン酸カリウム水溶液を用いると $x$[mL] が必要であり，0.010 mol/L の二クロム酸カリウム水溶液を用いると $y$[mL] が必要であった。$x$ と $y$ の量的関係を表す $\dfrac{x}{y}$ として最も適当な数値を，下の ①〜⑧ のうちから一つ選べ。ただし，2 種類の酸化剤のはたらき方は，次式で表され，いずれの場合も A を酸化して得られる生成物は同じである。

$$MnO_4^- + 8H^+ + 5e^- \longrightarrow Mn^{2+} + 4H_2O$$
$$Cr_2O_7^{2-} + 14H^+ + 6e^- \longrightarrow 2Cr^{3+} + 7H_2O$$

① 0.50　② 0.60　③ 0.88　④ 1.1　⑤ 1.2　⑥ 1.7　⑦ 2.0　⑧ 2.4

〔2016 センター本試〕

## 51. 金属の単体の反応 ⏱1分

金属の単体の反応に関する記述として**誤りを含むもの**を，次の ①〜⑤ のうちから一つ選べ。

① 銀は，希硫酸と反応して水素を発生する。
② カルシウムは，水と反応して水素を発生する。
③ 亜鉛は，塩酸と反応して水素を発生する。
④ スズは，希硫酸と反応して水素を発生する。
⑤ アルミニウムは，高温の水蒸気と反応して水素を発生する。

〔2015 センター追試〕

## 52. イオン化傾向の比較 ⏱1分

金属および金属イオンの反応性に関する記述として**誤りを含むもの**を，次の ①〜⑤ のうちから一つ選べ。

① 硫酸銅(Ⅱ)水溶液に亜鉛を浸すと銅が析出する。
② 塩化マグネシウム水溶液に鉄を浸すとマグネシウムが析出する。
③ 硝酸銀水溶液に銅を浸すと銀が析出する。
④ 塩酸に亜鉛を浸すと水素が発生する。
⑤ 白金は王水に溶ける。

〔2016 センター追試〕

## 53. 金属の溶解 ⏱3分

3.0 g の亜鉛板を硝酸銀水溶液に浸したところ，亜鉛が溶解して銀が析出した。溶解せずに残った亜鉛の質量が 1.7 g のとき，析出した銀の質量は何 g か。最も適当な数値を，次の ①〜⑤ のうちから一つ選べ。Zn＝65，Ag＝108

① 1.1　② 2.2　③ 2.8　④ 4.3　⑤ 5.0

〔2012 センター追試〕

## 54. 金属のイオン化傾向 ⏱3分

金属Aと金属BはAu，Cu，Znのいずれかである。AとBの金属板の表面をよく磨いて，金属イオンを含む水溶液にそれぞれ浸した。金属板の表面を観察したところ，左下の表のようになった。AとBの組合せとして最も適当なものを，右下の表の①～⑥のうちから一つ選べ。ただし，金属をイオン化傾向の大きな順に並べた金属のイオン化列は，Zn > Sn > Pb > Cu > Ag > Au である。

| 金 属 | 水溶液に含まれる金属イオン | 観察結果 |
|---|---|---|
| A | $Cu^{2+}$ | 金属が析出した |
| A | $Pb^{2+}$ | 金属が析出した |
| A | $Sn^{2+}$ | 金属が析出した |
| B | $Ag^+$ | 金属が析出した |
| B | $Pb^{2+}$ | 金属は析出しなかった |
| B | $Sn^{2+}$ | 金属は析出しなかった |

| | 金属A | 金属B |
|---|---|---|
| ① | Au | Cu |
| ② | Au | Zn |
| ③ | Cu | Au |
| ④ | Cu | Zn |
| ⑤ | Zn | Au |
| ⑥ | Zn | Cu |

［2018 センター追試］

## 55. 電池 ⏱1分

電池全般に関する次の記述①～⑤のうちから，**誤りを含むもの**を二つ選べ。

① 酸化反応が起こって電子が流れ出す電極を負極，電子が流れ込んで還元反応が起こる電極を正極という。

② 電解質水溶液に，電極としてイオン化傾向の異なる2種類の金属板を浸し，導線で結ぶと，各電極で酸化反応が起こり，電流が流れる。

③ 希硫酸に銅板と亜鉛板を浸し，導線でつないで電池を作製すると，電子は亜鉛板から銅板に向かって流れる。

④ 鉛蓄電池は代表的な二次電池で，燃料電池も二次電池に分類される。

⑤ 還元剤としてはたらく燃料と，酸化剤としてはたらく酸素を外部から供給し，電気エネルギーを取り出す装置が燃料電池である。

［2019 北里大 改］

## 56. 金属の性質と利用 ⏱1分

鉱物資源から種々の金属が取り出されている。金属の性質と利用に関する次の記述A～Cの空欄 ア ～ ウ に入る語の組合せとして最も適当なものを，下の①～⑥のうちから一つ選べ。

A 金は，イオン化傾向が ア のでさびにくく，電気接点などに用いられている。

B 鋼は，含まれる炭素の割合が銑鉄より イ ，機械部品や構造材に用いられる。

C アルミニウムは，密度が鉄より ウ ，建築材料の軽量化に役立つ。

| | ア | イ | ウ |
|---|---|---|---|
| ① | 大きい | 大きく | 大きく |
| ② | 大きい | 大きく | 小さく |
| ③ | 大きい | 小さく | 小さく |
| ④ | 小さい | 小さく | 小さく |
| ⑤ | 小さい | 小さく | 大きく |
| ⑥ | 小さい | 大きく | 小さく |

［2011 センター本試］

# II 実験操作の問題

## 第1章 物質の構成と化学結合

### 例題 実験の妥当性 ⏱1分

　蒸留を行うために，図のような装置を組み立てたが，不適切な箇所がある。その内容を記した文を，下の①〜④のうちから一つ選べ。

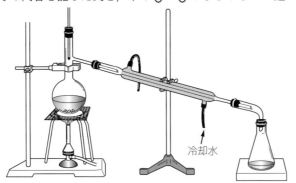

冷却水

① 温度計の球部を，①枝付きフラスコの枝の付け根あたりに合わせている。

② 枝付きフラスコに入れる液体の量を，フラスコの半分以下にしている。

③ リービッヒ冷却器の冷却水を，下部から入り上部から出る向きに流している。

④ ゴム栓で，アダプターと三角フラスコとの間を②しっかり密閉している。

[2015 センター追試]

❶どのような目的でどのような物質の温度を測定するか，考える。

❷密閉すると，発生する気体によって，装置内がどのような状態になるか，考える。

解説 ○① 温度計は，蒸留で分離する物質の沸点を測定するために，枝の付け根の高さに合わせる。

○② 液体の量は，沸騰した液体が枝に入らない量にする。

○③ 冷却器の上部から冷却水を流すと，冷却器の中に空気が残ってしまい，冷却効果が悪い。そのため，下部から流す。

✕④ ゴム栓で，アダプターと三角フラスコとの間をしっかり密閉している。

　→蒸留では気体が発生しており，密閉すると装置内の圧力が高くなり危険なので，密閉してはならない①。

解答 ④

① 「栓をしない」のほか，次の図のように「脱脂綿を軽くつめる」，「アルミニウム箔で覆う」などでもよい。

脱脂綿

アルミニウム箔

### 知識の確認 蒸留装置を組み立てるときの注意点

蒸留装置を適切に組み立てると，図のようになる。組み立てる際には，吹き出しの内容に注意する。

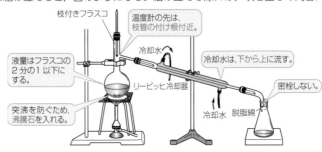

枝付きフラスコ

温度計の先は，枝管の付け根付近。

冷却水

冷却水は，下から上に流す。

液量はフラスコの2分の1以下にする。

リービッヒ冷却器

密栓しない。

突沸を防ぐため，沸騰石を入れる。

冷却水 脱脂綿

## 057. 水溶液の識別 ⏱4分

水溶液の識別に関する次の文章を読み，問い(問1~3)に答えよ。

　リカさんは，溶けている物質がわからない水溶液を識別しようと考えた。先生に6種類の水溶液A~Fを用意してもらった。これらは，アンモニア水，希塩酸，エタノール水溶液，砂糖水，塩化ナトリウム水溶液，水酸化ナトリウム水溶液のうちのどれかである。リカさんはこのことを知った上で，A~Fがそれぞれどの水溶液かを調べるために，次の実験1~3を行った。実験結果は，表1のようになった。

実験1　各水溶液を，赤色リトマス紙に1滴たらし，赤色リトマス紙の色の変化を調べた。

実験2　蒸発皿に各水溶液をとり，それぞれをガスバーナーで加熱し，蒸発皿に残るものがあるかどうかを調べた。

実験3　図1の装置に各水溶液をとり，炭素棒に電圧をかけ，豆電球が点灯するかどうかを調べた。

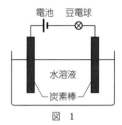

図　1

表　1

|  | 水溶液A | 水溶液B | 水溶液C | 水溶液D | 水溶液E | 水溶液F |
|---|---|---|---|---|---|---|
| 実験1 | 青色に変化した。 | 変化しなかった。 | 変化しなかった。 | 変化しなかった。 | 変化しなかった。 | 青色に変化した。 |
| 実験2 | 白色の物質が残った。 | 白色の物質が残った。 | 茶褐色の物質が残った。 | 何も残らなかった。 | 何も残らなかった。 | 何も残らなかった。 |
| 実験3 | 豆電球が点灯した。 | 豆電球が点灯した。 | 豆電球が点灯しなかった。 | 豆電球が点灯した。 | 豆電球が点灯しなかった。 | 豆電球が点灯した。 |

問1　実験1と実験2の結果のみから，水溶液A~Fのうちのいくつかを識別できる。識別できるすべての水溶液の組合せとして最も適当なものを，次の①~⑥のうちから一つ選べ。
① A, F　　② B, C　　③ A, C, F　　④ B, D, E　　⑤ A, B, C, F　　⑥ B, C, D, E

問2　水溶液Eは何か。最も適当なものを，次の①~⑥のうちから一つ選べ。
① アンモニア水　　② 希塩酸　　　　　③ エタノール水溶液
④ 砂糖水　　　　　⑤ 塩化ナトリウム水溶液　　⑥ 水酸化ナトリウム水溶液

問3　水溶液を識別する実験方法は他にもある。水溶液A~Fのうちの一つのみを識別できるものを，次の①~④のうちから一つ選べ。
① 水溶液を白金線の先につけ，ガスバーナーの無色の炎(外炎)に入れ，炎の色を観察する。
② 水溶液に硝酸銀水溶液を加え，沈殿の有無を観察する。
③ 水溶液を青色リトマス紙に1滴たらし，青色リトマス紙の色の変化を観察する。
④ 水溶液に二酸化炭素を通し，水溶液の色の変化を観察する。

[2007 センター本試 改]

## 058. 物質の分離 ⏱8分

次の実験報告書を読み，問い(問1〜5)に答えよ。

---

### 混合物の分離

【目標】性質の違いを利用して，シリカゲル，塩化ナトリウム，炭酸カルシウムの混合物から純物質を取り出す。また，炎色反応や，硝酸銀水溶液との反応を利用して，取り出した物質を確認する。

表1 シリカゲル，塩化ナトリウム，炭酸カルシウムの性質の違い

| | シリカゲル | 塩化ナトリウム | 炭酸カルシウム |
|---|---|---|---|
| 水への溶解性 | 溶けない | 溶ける | 溶けない |
| 塩酸との反応 | 反応しない | 反応しない | ア を発生して溶ける |
| 硝酸銀水溶液との反応 | 変化しない | 白色沈殿が生じる | 変化しない |
| 炎色反応 | 示さない | 黄色(水溶液) | 橙赤色(塩酸に溶かした水溶液) |

【準備】(試薬)混合物(白色粉末)，5％塩酸，5％硝酸銀水溶液，石灰水

(器具)ビーカー，ガラス棒，ふたまた試験管，蒸発皿，ろ紙，漏斗，漏斗台，ガスバーナー，マッチ，白金線，金網，三脚，スタンド，気体誘導管

【操作】(1) 混合物約0.1gをビーカーにとり，水50mLを加えてガラス棒でよく混ぜた。その後，ろ過によって不溶物とろ液にわけた。

(2) (1)の不溶物を蒸留水で洗った。この操作を，洗液に硝酸銀水溶液を加えて白色沈殿が生じなくなるまで行った。

(3) (2)のろ紙上の不溶物を乾燥させた。

(4) (3)で乾燥させた不溶物をふたまた試験管の片方に入れ，他方に塩酸約5mLを加えた。気体誘導管をつないでその先を石灰水の入った試験管に入れたあと，ふたまた試験管を傾けて反応させ，発生した気体を石灰水に通して変化を観察した。

(5) (4)のふたまた試験管に残った反応後の液をろ過した。ろ液を白金線につけてガスバーナーにかざし，炎色反応を観察した。

(6) (5)で得られた不溶物を蒸留水で十分に洗った。その後，不溶物を試験管に少量とって蒸留水を加え，白金線につけてガスバーナーにかざし，炎色反応を観察した。

(7) (1)で得られたろ液を蒸発皿にとり，熱して煮つめ，固体物質を得た。

(8) (7)で得られた物質を試験管に少量とり，水に溶かして白金線につけ，ガスバーナーにかざし炎色反応を観察した。さらに，試験管に硝酸銀水溶液を加えて変化を観察した。

【結果】操作(4)において，初めは石灰水に変化が見られなかったが，しばらくすると白く濁った。

操作(8)において，硝酸銀水溶液を加えると，すぐに白く濁った。

操作(5)，(6)，(8)において，観察された炎色反応は次の表の通りであった。

| | (5) | (6) | (8) |
|---|---|---|---|
| 炎色反応 | イ | ウ | エ |

(以下略)

---

問1　この実験の操作を表した次の図の空欄（ A ・ B ）に当てはまる物質の組合せとして正しいものを，右の①〜⑥のうちから一つ選べ。

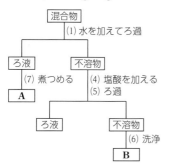

| | A | B |
|---|---|---|
| ① | シリカゲル | 塩化ナトリウム |
| ② | シリカゲル | 炭酸カルシウム |
| ③ | 塩化ナトリウム | シリカゲル |
| ④ | 塩化ナトリウム | 炭酸カルシウム |
| ⑤ | 炭酸カルシウム | シリカゲル |
| ⑥ | 炭酸カルシウム | 塩化ナトリウム |

問2　【目標】の空欄 ア に当てはまる物質の化学式として正しいものを，次の①〜⑤のうちから一つ選べ。

① $O_2$　　② $N_2$　　③ $NO_2$　　④ $CO_2$　　⑤ $H_2$

問3　【操作】(4)のふたまた試験管の使い方について説明した次の文章中の空欄（ C 〜 E ）に当てはまる語の組合せとして正しいものを，下の①〜④のうちから一つ選べ。

ふたまた試験管のへこみのある管Pに C を，へこみのない管Qに D を加え， E に試薬を移して反応させる。

| | C | D | E |
|---|---|---|---|
| ① | 不溶物 | 塩酸 | 管Pから管Q |
| ② | 不溶物 | 塩酸 | 管Qから管P |
| ③ | 塩酸 | 不溶物 | 管Pから管Q |
| ④ | 塩酸 | 不溶物 | 管Qから管P |

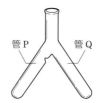

管P　管Q

問4　この実験に関する記述として**誤りを含むもの**を，次の①〜④のうちから一つ選べ。
① 【操作】(1)でろ過を行うときには，溶液がこぼれないよう，ガラス棒を伝わせるように注ぎ，漏斗の足をビーカーの側面につける。
② 【操作】(2)でろ紙上の不溶物を蒸留水で洗う目的は，不溶物に付着したろ液を取り除くことである。
③ 【操作】(4)で石灰水がすぐに白濁しない理由は，石灰水と気体の反応がゆっくり進むからである。
④ 【操作】(5)，(6)，(8)で炎色反応を確認する際に用いる白金線は，あらかじめ濃塩酸で洗ってガスバーナーの炎にかざし，炎に色がつかないことを確かめておく。

問5　【結果】の空欄（ イ 〜 エ ）に当てはまる色の組合せとして正しいものを，次の①〜⑥のうちから一つ選べ。

| | イ | ウ | エ | | イ | ウ | エ |
|---|---|---|---|---|---|---|---|
| ① | 橙赤色 | 黄色 | 無色 | ④ | 黄色 | 無色 | 橙赤色 |
| ② | 橙赤色 | 無色 | 黄色 | ⑤ | 無色 | 黄色 | 橙赤色 |
| ③ | 黄色 | 橙赤色 | 無色 | ⑥ | 無色 | 橙赤色 | 黄色 |

**例題　水和水をもつ物質の水溶液の調製　⏱2分**

硫酸銅（Ⅱ）五水和物を用いて，モル濃度 0.500 mol/L の硫酸銅（Ⅱ）水溶液 200 mL をつくる操作として最も適当なものを，次の①～⑥のうちから一つ選べ。H＝1.0，O＝16，S＝32，Cu＝64

① 硫酸銅（Ⅱ）五水和物 12.5 g を水 200 mL に溶かす。
② 硫酸銅（Ⅱ）五水和物 12.5 g を水に溶かして 200 mL とする。
③ 硫酸銅（Ⅱ）五水和物 16.0 g を水 200 mL に溶かす。
④ 硫酸銅（Ⅱ）五水和物 16.0 g を水に溶かして 200 mL とする。
⑤ 硫酸銅（Ⅱ）五水和物 25.0 g を水 200 mL に溶かす。
⑥ 硫酸銅（Ⅱ）五水和物 25.0 g を水に溶かして 200 mL とする。

［2014 センター追試］

❶溶質として扱うのは，無水物（$CuSO_4$）の部分であると読み取る。

❷水溶液の体積は 200 mL より大きくなる。

**解説**　モル濃度① 0.500 mol/L の硫酸銅（Ⅱ）$CuSO_4$ 水溶液 200 mL をつくるのに必要な $CuSO_4$ の物質量は，

$$0.500 \text{ mol/L} \times \frac{200}{1000} \text{ L} = 0.100 \text{ mol}$$

硫酸銅（Ⅱ）五水和物 $CuSO_4 \cdot 5H_2O$ の物質量と，その中に含まれる $CuSO_4$ の物質量は等しいので，必要な硫酸銅（Ⅱ）五水和物 $CuSO_4 \cdot 5H_2O$ の物質量も 0.100 mol である。0.100 mol の $CuSO_4 \cdot 5H_2O$（式量 250）の質量②は，

$$250 \text{ g/mol} \times 0.100 \text{ mol} = 25.0 \text{ g}$$

よって，$CuSO_4 \cdot 5H_2O$ 25.0 g を水に溶かして体積を 200 mL とすればよい。

$CuSO_4 \cdot 5H_2O$ 25.0 g を水 200 mL に溶かす場合は，水溶液の体積が 200 mL より大きくなってしまうため，正しい操作ではない。

①モル濃度[mol/L]
$$= \frac{溶質の物質量[mol]}{溶液の体積[L]}$$

②質量[g]
＝モル質量[g/mol]×物質量[mol]

**解答　⑥**

**知識の確認　0.500 mol/L の硫酸銅（Ⅱ）水溶液 200 mL の調製**

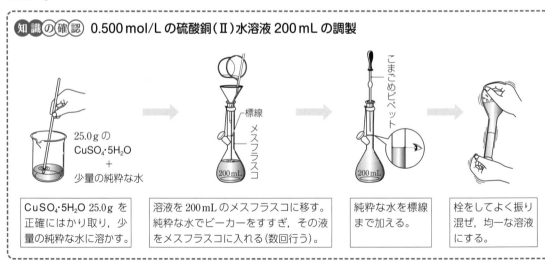

| | | | |
|---|---|---|---|
| $CuSO_4 \cdot 5H_2O$ 25.0 g を正確にはかり取り，少量の純粋な水に溶かす。 | 溶液を 200 mL のメスフラスコに移す。純粋な水でビーカーをすすぎ，その液をメスフラスコに入れる（数回行う）。 | 純粋な水を標線まで加える。 | 栓をしてよく振り混ぜ，均一な溶液にする。 |

## 059. しょうゆに含まれる食塩 ⏱5分

しょうゆに含まれる食塩を取り出す実験に関する次の文章を読み，問い(問1〜3)に答えよ。

Cl＝35.5，Ag＝108

<実験方法>

操作1　しょうゆ5.0gを蒸発皿に入れ，ガスバーナーを用いて炭になるまで加熱した。

操作2　操作1の蒸発皿に水を25g加えよくかき混ぜ，ろ過した。

操作3　操作2のろ液を加熱し，水を蒸発させて固体粉末を取り出し，質量を測定した。

操作4　操作1〜3を3回行った。

<結果>

濃口しょうゆと薄口しょうゆを用いて実験を行ったところ，得られた固体粉末の質量はそれぞれ次の通りであった。

| | 濃口しょうゆ | 薄口しょうゆ |
|---|---|---|
| 質量[g] | 0.78 | 0.86 |

問1　実験に関する説明として誤りを含むものを，次の①〜⑥のうちから二つ選べ。

① 操作1では，しょうゆに含まれる有機物を炭にしている。

② 操作1で用いるガスバーナーは，ガス調節ねじと空気調節ねじを開けてから点火する。

③ 操作2で蒸発皿に水を加えると，炭に含まれる食塩が水に溶ける。

④ 操作2でろ過を行うときには，溶液をガラス棒に伝わらせるようにして注ぐ。

⑤ 操作3では，加熱によりできるだけ水を蒸発させ乾燥させる。

⑥ 実験を数回行うことで上手にできるようになるので，結果の解析には3回目の測定値を用いる。

問2　次の文章中の空欄　ア　・　イ　に当てはまる数値および語句の組合せとして正しいものを，下の①〜⑧のうちから一つ選べ。ただし，得られた固体粉末はすべて食塩であるとする。

　　実験の結果から計算すると，濃口しょうゆに含まれる食塩の質量パーセントは　ア　％である。また，濃口しょうゆと薄口しょうゆのうち，食塩の濃度は　イ　のほうが高い。

| | ア | イ | | ア | イ |
|---|---|---|---|---|---|
| ① | 3.1 | 濃口しょうゆ | ⑤ | 3.1 | 薄口しょうゆ |
| ② | 3.4 | 濃口しょうゆ | ⑥ | 3.4 | 薄口しょうゆ |
| ③ | 16 | 濃口しょうゆ | ⑦ | 16 | 薄口しょうゆ |
| ④ | 17 | 濃口しょうゆ | ⑧ | 17 | 薄口しょうゆ |

問3　しょうゆに含まれる食塩の濃度は，食塩に含まれる塩化物イオンを硝酸銀水溶液と反応させて塩化銀AgClとして沈殿させ，その沈殿量から求めることもできる($Cl^- + Ag^+ \longrightarrow AgCl$)。上の実験で用いたものと別のしょうゆ1.0gを，十分な量の硝酸銀水溶液に加えたところ，沈殿が0.43g得られた。このしょうゆ1.0gに含まれる食塩の物質量は何molか。有効数字2桁で次の形式で表すとき，　1　〜　3　に当てはまる数字を，下の①〜⓪のうちから一つずつ選べ。ただし，同じものを繰り返し選んでもよい。得られた沈殿はすべて塩化銀であり，しょうゆに含まれる塩化物イオンはすべて食塩によるものとする。

　　　　　1 . 2 ×10⁻ 3 mol

① 1　② 2　③ 3　④ 4　⑤ 5　⑥ 6　⑦ 7　⑧ 8　⑨ 9　⓪ 0

[2009 センター本試 改]

第2章　物質量と化学反応式　**27**

実験操作の問題

**例題** 中和滴定の実験操作 ⏱2分

標準溶液をビュレットに入れ，試料溶液をホールピペットで採取してコニカルビーカーに入れて中和滴定を行うとき，用いられるガラス器具の適切な使い方に関する記述として下線部に**誤りを含むもの**を，次の①~⑤のうちから一つ選べ。

① ビュレットの内壁を純粋な水で洗ってから<u>標準溶液で2~3回すすいだのち</u>，標準溶液をビュレットに注ぎ入れる。

② ホールピペットは，内壁を純粋な水で洗ってから<u>試料溶液で2~3回すすいだのち</u>，一定量の試料溶液をはかり取る。

③ コニカルビーカーの内壁を純粋な水で洗ってから　<u>試料溶液で2~3回すすいだのち</u>❶，一定量の試料溶液を入れる。

④ ビュレットの目盛りは，<u>目の位置を標準溶液の液面と同じ高さにして読み取る</u>。

⑤ ビュレットの最小目盛りが 0.1 mL のとき，<u>目分量で 0.01 mL の位まで読み取る</u>。

[2019 センター追試]

❶すすいだあとは試料溶液が内壁に少し残る。その影響を考える。

**解説** ○① ビュレットに水滴が残っていると，標準溶液が薄められてしまうので，標準溶液で2~3回すすいでから使用する①。

○② ホールピペットに水滴が残っていると，試料溶液が薄められてしまうので，試料溶液で2~3回すすいでから使用する。

✕③ コニカルビーカーの内壁を純粋な水で洗ってから<u>試料溶液で2~3回すすいだのち</u>，一定量の試料溶液を入れる。
→純粋な水でぬれたまま使用できる。試料溶液ですすいでから一定量の試料溶液を入れると，試料の正確な量がわからなくなる②。

○④ ビュレットの目盛りを読み取るときは，目の位置を溶液の液面と同じ高さにして，液面の底の目盛りを読み取る。

○⑤ 目盛りを読み取るときは，目分量で最小目盛りの$\frac{1}{10}$まで読み取る。

**解答** ③

①使用する溶液で内部を2~3回すすぐことを**共洗い**という。

②純粋な水でぬれたまま使用しても，試料の物質量が変化しないため，そのまま使用してよい。

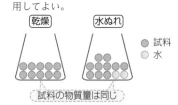

乾燥　水ぬれ
●試料
○水
試料の物質量は同じ

**知識の確認** 中和滴定に用いる器具

| | 純粋な水でぬれたままの使用 | 共洗いしてからの使用 |
|---|---|---|
| ビュレット | ✕ | ○ |
| ホールピペット | ✕ | ○ |
| メスフラスコ | ○ | |
| コニカルビーカー | ○ | |

メスシリンダーやこまごめピペットは，精度が高くないので，滴定操作には使わない。
また，ガラス器具は熱により膨張し，体積が変わってしまうため，体積をはかるガラス器具を加熱乾燥してはいけない。

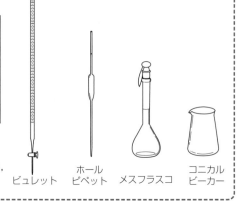

ビュレット　ホールピペット　メスフラスコ　コニカルビーカー

## 060. 中和滴定の実験 ⏱4分

　学校の授業で，ある高校生がトイレ用洗浄剤に含まれる塩化水素の濃度を中和滴定により求めた。次に示したものは，その実験報告書の一部である。この報告書を読み，問い(問1・2)に答えよ。

---

### 「まぜるな危険 酸性タイプ」の洗浄剤に含まれる塩化水素濃度の測定

<目的>

　トイレ用洗浄剤のラベルに「まぜるな危険 酸性タイプ」と表示があった。このトイレ用洗浄剤は塩化水素を約10％含むことがわかっている。この洗浄剤(以下「試料」という)を水酸化ナトリウム水溶液で中和滴定し，塩化水素の濃度を正確に求める。

<試料の希釈>

　滴定に際して，試料の希釈が必要かを検討した。塩化水素の分子量は36.5なので，試料の密度を $1\,g/cm^3$ と仮定すると，試料中の塩化水素のモル濃度は約 $3\,mol/L$ である。この濃度では，約 $0.1\,mol/L$ の水酸化ナトリウム水溶液を用いて中和滴定を行うには濃すぎるので，試料を希釈することとした。試料の希釈溶液 10 mL に，約 $0.1\,mol/L$ の水酸化ナトリウム水溶液を 15 mL 程度加えたときに中和点となるようにするには，試料を　ア　倍に希釈するとよい。

<実験操作>

1. 試料 10.0 mL を，ホールピペットを用いてはかり取り，その質量を求めた。
2. 試料を，メスフラスコを用いて正確に　ア　倍に希釈した。
3. この希釈溶液 10.0 mL を，ホールピペットを用いて正確にはかり取り，コニカルビーカーに入れ，フェノールフタレイン溶液を2, 3滴加えた。
4. ビュレットから $0.103\,mol/L$ の水酸化ナトリウム水溶液を少しずつ滴下し，赤色が消えなくなった点を中和点とし，加えた水酸化ナトリウム水溶液の体積を求めた。
5. 3と4の操作を，さらにあと2回繰り返した。

(以下略)

---

問1　　ア　に当てはまる数値として最も適当なものを，次の①〜⑤のうちから一つ選べ。
① 2　　② 5　　③ 10　　④ 20　　⑤ 50

問2　別の生徒がこの実験を行ったところ，水酸化ナトリウム水溶液の滴下量が，正しい量より大きくなることがあった。どのような原因が考えられるか。最も適当なものを，次の①〜④のうちから一つ選べ。
① 実験操作3で使用したホールピペットが水でぬれていた。
② 実験操作3で使用したコニカルビーカーが水でぬれていた。
③ 実験操作3でフェノールフタレイン溶液を多量に加えた。
④ 実験操作4で滴定開始前にビュレットの先端部分にあった空気が滴定の途中でぬけた。

〔2018 試行調査 改〕

**例題 酸化還元滴定** ⏱2分

次の文章を読んで，問いに答えよ。

濃度未知の過酸化水素水を試料溶液 X とする。過マンガン酸カリウムを用いて X の濃度を決定する実験を行った。まず，<sub>a</sub>実験に使用するコニカルビーカーとビュレットを純粋な水で洗浄し乾燥させた。次に，<sub>b</sub>X を 50.0 mL だけ正確にはかり取り，コニカルビーカーに入れて硫酸酸性とした。濃度 0.100 mol/L の過マンガン酸カリウム水溶液をビュレットに入れてコニカルビーカー内に滴下したところ，滴下した過マンガン酸カリウム水溶液の体積が 15.2 mL となった時点で過酸化水素がすべて消費されて反応が完了した。

問 下線部 **a** で❶ビュレットの乾燥が不十分で内壁に水が残っていたまま下線部 **b** と同様の実験を行うと，反応完了までに滴下するビュレット内の水溶液の体積は 15.2 mL と比較してどうなるか。適切なものを次の①～③のうちから一つ選び，その理由を④～⑥のうちから一つ選べ。

滴下する体積：① 15.2 mL より多くなる。
② 15.2 mL より少なくなる。
③ 変わらない。

理由： ④ ビュレット内の過マンガン酸カリウム水溶液の濃度が濃くなってしまうから。
⑤ ビュレット内の過マンガン酸カリウム水溶液の濃度が薄くなってしまうから。
⑥ ビュレット内の過マンガン酸カリウム水溶液の濃度は変わらないから。

[2018 首都大東京 改]

❶内壁に水が残ったビュレットに KMnO₄ 水溶液を入れて滴定を行うとどうなるか考える。

**解説** ビュレットに水滴が残った状態で過マンガン酸カリウム KMnO₄ 水溶液を入れると，ビュレット内の KMnO₄ 水溶液の濃度が薄くなってしまう。過酸化水素 $H_2O_2$ と過不足なく反応する KMnO₄ の物質量は変わらないので，KMnO₄ 水溶液の濃度が薄くなると，反応完了までに滴下する KMnO₄ 水溶液の体積は 15.2 mL より多くなる。

正しく滴定を行うためには，ビュレットを純粋な水で洗ったあと，使用する KMnO₄ 水溶液で共洗いして①，内部が KMnO₄ 水溶液でぬれたまま使用する。

**解答** 滴下する体積：① 理由：⑤

① KMnO₄ 水溶液で共洗いを行うことで，正確な濃度となる。

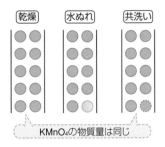

● KMnO₄
◌ 水
✻ 共洗いで使用した KMnO₄

**知識の確認 酸化還元滴定に用いる器具**

酸化還元滴定で使用する器具(ホールピペットやビュレットなど)と操作は，中和滴定のときと同じである。

## 061. 過酸化水素水の濃度 ⏱8分

過酸化水素水は，反応する相手によって異なる二つの変化を示す。大輔さんと涼子さんは，このことを利用して濃度未知の過酸化水素水の濃度を決める実験を行った。次の文章を読み，問い(問1〜4)に答えよ。

〔大輔さんの方法〕 過酸化水素は，強い酸化剤の過マンガン酸カリウムに対して還元剤としてはたらくことを利用して滴定を行うことにした。

$$MnO_4^- + 8H^+ + 5e^- \longrightarrow Mn^{2+} + 4H_2O \qquad H_2O_2 \longrightarrow O_2 + 2H^+ + 2e^-$$

濃度未知の過酸化水素水 10.0 mL に水を加えて 100 mL としたのち，その 10.0 mL をコニカルビーカーにとった。これを 0.0200 mol/L の過マンガン酸カリウム水溶液で滴定しようとしたが，過マンガン酸カリウム水溶液を入れると褐色の沈殿が生成してしまった。

〔涼子さんの方法〕 過酸化水素は，還元剤のヨウ化カリウムに対して酸化剤としてはたらくことを利用することにした。

$$H_2O_2 + 2H^+ + 2e^- \longrightarrow 2H_2O \qquad 2I^- \longrightarrow I_2 + 2e^-$$

この反応は滴定の終点を色の変化で判別することが難しいことから，過酸化水素水に過剰のヨウ化カリウム水溶液を加えて生じたヨウ素を濃度既知のチオ硫酸ナトリウム水溶液で滴定することにした。

$$I_2 + 2e^- \longrightarrow 2I^- \qquad 2S_2O_3^{2-} \longrightarrow S_4O_6^{2-} + 2e^-$$

濃度未知の過酸化水素水 10.0 mL に水を加えて 100 mL としたのち，その 15.0 mL をコニカルビーカーにとり，硫酸を加えて酸性にした。これに，過剰のヨウ化カリウム水溶液を加えてよく混ぜ合わせたのち，0.100 mol/L チオ硫酸ナトリウム水溶液を用いて滴定したところ 21.0 mL を要した。

問1 大輔さんの実験を行う際に必要なコニカルビーカー以外のガラス器具を，次の①〜⑥のうちから三つ選べ。また，それらが水でぬれている場合にはどのようにしてから使用すればよいか，あとの⑦〜⑨のうちからそれぞれ一つずつ選べ。

ガラス器具：① メスシリンダー　② メスフラスコ　③ 三角フラスコ
　　　　　　④ ビュレット　⑤ ホールピペット　⑥ 試験管

水でぬれている場合の使用法：⑦ 水でぬれたまま使用する。
　　　　　　　　　　　　　　⑧ 使用する過酸化水素水ですすぎ，そのまま使用する。
　　　　　　　　　　　　　　⑨ 使用する過マンガン酸カリウム水溶液ですすぎ，そのまま使用する。

問2 大輔さんの方法で，生成した褐色の沈殿は酸化マンガン(IV)であった。正しく滴定を行うために大輔さんが加え忘れた試薬は何か。最も適当なものを次の①〜⑤のうちから一つ選べ。

① 塩化ナトリウム水溶液　② 塩酸　③ 水酸化ナトリウム水溶液　④ 硫酸　⑤ 硝酸

問3 涼子さんの方法では，チオ硫酸ナトリウム水溶液による滴定の終点を明確に知るために指示薬を加えた。その指示薬として適当なものを，次の①〜④のうちから一つ選べ。また，その指示薬を使った滴定の終点前後で見られる水溶液の色の変化を，あとの⑤〜⓪のうちから一つ選べ。

指示薬：① メチルオレンジ　② フェノールフタレイン　③ デンプン
　　　　④ ブロモチモールブルー(BTB)

色の変化：⑤ 赤色→無色　⑥ 無色→赤色　⑦ 青紫色→無色　⑧ 無色→青紫色
　　　　　⑨ 褐色→無色　⓪ 無色→褐色

問4 涼子さんの滴定の結果から，希釈する前の過酸化水素水のモル濃度は何 mol/L か。最も適当な数値を，次の①〜⑤のうちから一つ選べ。

① 0.0700　② 0.140　③ 0.700　④ 1.40　⑤ 2.80

〔2000 高知大 改〕

II
実験操作の問題

# Ⅲ グラフ・図を読み解く問題

第 1 章 物質の構成と化学結合

## 例題 イオン化エネルギー ⏱1分

原子の<u>イオン化エネルギー(第一イオン化エネルギー)が原子番号とともに変化する様子を示す図</u>として最も適当なものを，次の①〜⑥のうちから一つ選べ。

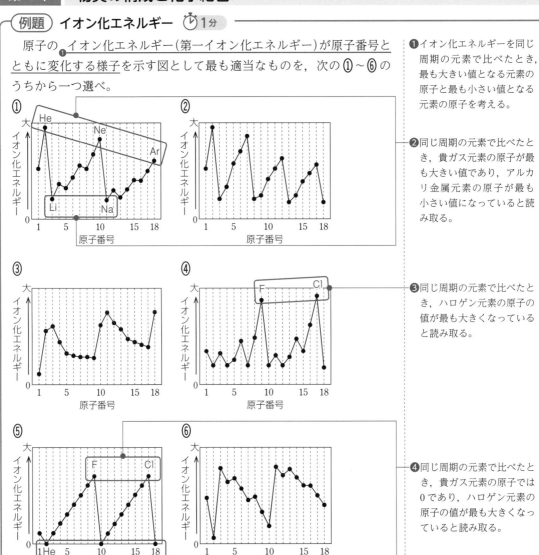

[2018 試行調査]

❶イオン化エネルギーを同じ周期の元素で比べたとき，最も大きい値となる元素の原子と最も小さい値となる元素の原子を考える。

❷同じ周期の元素で比べたとき，貴ガス元素の原子が最も大きい値であり，アルカリ金属元素の原子が最も小さい値になっていると読み取る。

❸同じ周期の元素で比べたとき，ハロゲン元素の原子の値が最も大きくなっていると読み取る。

❹同じ周期の元素で比べたとき，貴ガス元素の原子では0であり，ハロゲン元素の原子の値が最も大きくなっていると読み取る。

## 解説

**思考の過程▶** <u>イオン化エネルギー</u>①が小さい原子ほど，陽イオンになりやすいことなどから，適当なグラフを選ぶ。

　イオン化エネルギーを周期表の同じ周期の元素で比べると，1価の陽イオンになりやすい1族のアルカリ金属元素の原子が最も小さく，安定な電子配置をもつ18族の貴ガス元素の原子が最も大きい。

　よって，最も適当なグラフは①である。

**解答** ①

①原子の最外電子殻から1個の電子を取り去って1価の陽イオンにするのに必要なエネルギー。周期表の右上の元素の原子ほど大きく，左下の元素の原子ほど小さい。

## 62. 物質の分類 ⏱2分

次の **a**, **b**, **c** の条件で，気体を図1のように領域①～⑧に分類する。ただし，⑧には **a**～**c** のいずれの条件にも当てはまらないものが入る。

**a** ☐ の枠内には，極性分子からなる気体が入る。

**b** ┆ ┄ ┆ の枠内には，単体の気体が入る。

**c** 〰 の枠内には，無色・無臭の気体が入る。

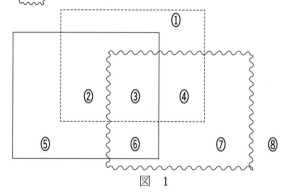

図　1

(1) 窒素が入る領域はどこか。最も適当なものを，図1の①～⑧のうちから一つ選べ。

(2) 塩化水素が入る領域はどこか。最も適当なものを，図1の①～⑧のうちから一つ選べ。

(3) メタンが入る領域はどこか。最も適当なものを，図1の①～⑧のうちから一つ選べ。

[2006 センター本試 改]

## 63. 気体分子の速さ ⏱1分

図1は温度の違いによる気体の窒素分子の速さの分布を示したものである。この図についての記述として正しいものを，次の①～⑤のうちから一つ選べ。

① 温度が高くなるほど，速さの大きい分子の数の割合が増える。

② −100℃では，分子の速さの平均は1000 m/s 程度である。

③ 0℃では，分子の速さが1000 m/s 以上の分子は存在しない。

④ 1000℃では，分子の速さが500 m/s 未満の分子は存在しない。

⑤ 温度と分子の速さは関係がない。

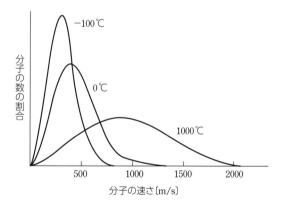

図1　温度の違いによる気体の窒素分子の速さの分布

## 64. 放射性同位体 ⏱2分

放射性同位体 $^{14}C$ は不安定で，放射線を出して自然に他の元素に変化する。図1は，$^{14}C$ の割合が時間とともに減少する様子を表している。

植物は二酸化炭素を常に取り込んでおり，植物の体内には大気と同じ割合の $^{14}C$ が含まれている。植物が枯れると体内の $^{14}C$ は放射線を出して減少していくことが知られており，残っている $^{14}C$ の割合からその植物が生きていた年代を推定できる。

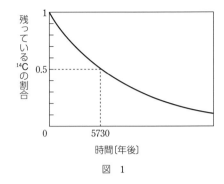

図　1

遺跡で発見されたある木片を調べたところ，$^{14}C$ の割合は大気中の割合の 12.5 % であった。この木片が枯れたのは，およそ何年前と考えられるか。最も適当なものを次の①～⑥のうちから一つ選べ。ただし，$^{14}C$ の自然界での割合はほぼ一定で，大気に含まれる $^{14}C$ の割合は一定で変わらなかったものとする。

① 1910 年前　　② 2865 年前　　③ 5730 年前
④ 11460 年前　　⑤ 17190 年前　　⑥ 22920 年前

## 65. イオン化エネルギー ⏱2分

イオン化エネルギーには第一イオン化エネルギーだけでなく，第二イオン化エネルギー，第三イオン化エネルギーがあり，次のように定義される。

Ⅰ　原子の最外電子殻から1個の電子を取り去って1価の陽イオンにするのに必要なエネルギーを第一イオン化エネルギーという。

Ⅱ　2個目，3個目の電子を取り去るのに必要なエネルギーを第二イオン化エネルギー，第三イオン化エネルギーという。

原子の種類によってイオン化エネルギーの値が決まっていて，三つの金属元素 Na，Mg，Al についてイオン化エネルギーの値をグラフで表すと図1のようになる。図中のア，イ，ウの元素の種類の組合せとして最も適当なものを，次の①～⑥のうちから一つ選べ。

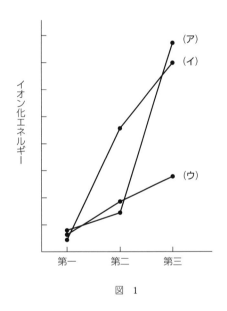

図　1

|  | ア | イ | ウ |
|---|---|---|---|
| ① | Na | Mg | Al |
| ② | Na | Al | Mg |
| ③ | Mg | Na | Al |
| ④ | Mg | Al | Na |
| ⑤ | Al | Na | Mg |
| ⑥ | Al | Mg | Na |

[2012 岡山大 改]

## 066. 原子の電子配置と性質 ⏱2分

右の表は，①~⑤の五つの元素について，原子の電子配置を示したものである。次の **a**~**d** に該当するものを，①~⑤のうちから一つずつ選べ。ただし，同じものを繰り返し選んでもよい。

**a** 最も多くの最外殻電子をもつもの
**b** 第一イオン化エネルギーが最も大きいもの
**c** 電気陰性度が最も大きいもの
**d** 単体の融点が最も高いもの

| 元　素 | 原子の電子配置 | | |
|---|---|---|---|
| | K　殻 | L　殻 | M　殻 |
| ① | 2 | 4 | |
| ② | 2 | 5 | |
| ③ | 2 | 7 | |
| ④ | 2 | 8 | |
| ⑤ | 2 | 8 | 1 |

〔1997 弘前大 改〕

## 067. 元素の周期表 ⏱5分

図は元素の周期表から元素名を取り除き，**a**~**f** の領域に分けるとともに，特定の元素α，βの位置を示したものである。

下の A 欄の(1)~(5)に最もよく当てはまるものを，B 欄の①~⑥から一つずつ選べ。また，C 欄の(6)・(7)に最もよく当てはまるものを，D 欄の①~⑤から一つずつ選べ。ただし，同じものを繰り返し選んでもよい。

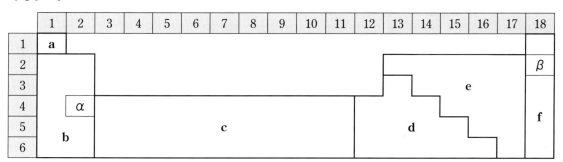

A 欄　(1)　Fe, Cu のある領域。
　　　(2)　価電子の数が最も少ない元素のある領域。
　　　(3)　陰性の強い元素のある領域。
　　　(4)　元素の第一イオン化エネルギーは原子番号とともに周期的に変化するが，それが極小になる元素のある領域。
　　　(5)　第一イオン化エネルギーが極大となる元素のある領域。
B 欄　① **a**　　② **b**　　③ **c**　　④ **d**　　⑤ **e**　　⑥ **f**
C 欄　(6)　陽イオンがβと同じ電子配置をもつ物質。
　　　(7)　陽イオン，陰イオンがともに，αの2価の陽イオンと同じ電子配置をもつ物質。
D 欄　① CaO　　② LiBr　　③ KCl　　④ MgO　　⑤ CsBr

〔1992 東京理科大 改〕

## 例題 反応による物質量の変化 ⏱6分

密閉された容器中，ある反応の反応物または生成物である **X**，**Y**，**Z** の物質量の変化を縦軸，反応開始からの時間の経過を横軸として右のグラフに示した。問い(問1・2)に答えよ。

**問1** **X**，**Y**，**Z** の関係する反応として最も適当なものを，次の①～⑥のうちから一つ選べ。

① **X** と **Y** が反応して **Z** が生じた。
② **Y** と **Z** が反応して **X** が生じた。
③ **Z** と **X** が反応して **Y** が生じた。
④ **X** が分解して **Y** と **Z** が生じた。
⑤ **Y** が分解して **X** と **Z** が生じた。
⑥ **Z** が分解して **X** と **Y** が生じた。

**問2** この反応における **X**，**Y**，**Z** の物質量がこのまま直線的に変化❷すると仮定したとき，物質量の変化に関する記述として正しいものを，次の①～⑥のうちから二つ選べ。

① 反応開始から3分後，**X** の物質量は，**Z** の物質量より少ない。
② 反応開始から3分後，**Y** の物質量は，4.0 mol である。
③ 反応開始から4分後，**Z** の物質量は，**Y** と **X** の物質量の差より多い。
④ 反応開始から5分後，**X**，**Y**，**Z** の総物質量は，反応開始時より多くなる。
⑤ **X** の物質量は，3.5 mol より多くなることはない。
⑥ **Y** の物質量は，5.0 mol より多くなることはない。

[2004 神戸学院大]

❶ **X**，**Y**，**Z** が，時間が経つにつれて増加しているのか，減少しているのかを読み取ることで，それぞれ反応物であるか，生成物であるかを判断する。

❷ 反応開始から2分経った後もグラフの傾きは変わらず，変化量が一定と考える。

**解説** **問1** 時間が経つにつれて **Z** は減少し，**X** と **Y** は増加したことから，**Z** が反応物，**X** と **Y** が生成物である。反応物は **Z** のみであることから，**Z** が分解することで **X** と **Y** が生じたと考えられる。

**問2** 反応開始から2分経った後も変化量が一定であることから，1分ごとの各物質量は右表のようになる①。

✗ ① 3分後は，**X** > **Z** である。　　✗ ② 3分後の **Y** は 3.5 mol。
✗ ③ 4分後は，**Z** < **Y** − **X** である。
○ ④ 反応開始時の総物質量は 1.0＋0.5＋5.0＝6.5(mol)で，5分後の総物質量は 3.5＋5.5＋0＝9.0(mol)となる。
○ ⑤ 5分後に反応物である **Z** がすべて分解し，反応が終了するので，**X** の物質量は5分後の 3.5 mol が最大である。
✗ ⑥ **Y** の物質量は 5.5 mol が最大である。

| 時間[分] | 0 | 1 | 2 | 3 | 4 | 5 |
|---|---|---|---|---|---|---|
| **X**[mol] | 1.0 | 1.5 | 2.0 | 2.5 | 3.0 | 3.5 |
| **Y**[mol] | 0.5 | 1.5 | 2.5 | 3.5 | 4.5 | 5.5 |
| **Z**[mol] | 5.0 | 4.0 | 3.0 | 2.0 | 1.0 | 0 |

①問題で与えられたグラフの続きをかいてもよいが，物質量の値を明確にするためには表にしたほうがよい。

**解答** 問1　⑥　　問2　④，⑤

## 68. 気体の体積と分子量 ⏱3分

気体 **X**，**Y**，**Z** のボンベを用意し，ボンベから気体を水上置換でメスシリンダーにとり，メスシリンダーの内側と外側の水面の高さが同じになるようにして気体の体積をそれぞれ測定した。次の表は，測定した気体の体積と測定前後のボンベの質量変化をそれぞれ表したものである。

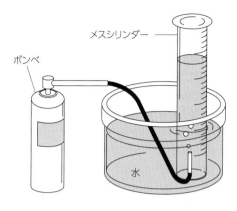

| | 測定した気体の体積 | 測定前後のボンベの質量変化 |
|---|---|---|
| 気体 **X** | 112 mL | 0.16 g 軽くなった |
| 気体 **Y** | 112 mL | 0.29 g 軽くなった |
| 気体 **Z** | 224 mL | 0.44 g 軽くなった |

気体 **X**，**Y**，**Z** の分子量の関係として正しいものを，次の①〜⑤のうちから一つ選べ。ただし，実験中の温度，大気圧には変化がなかったものとし，気体 **X**，**Y**，**Z** の水への溶解もなかったものとする。

① **X** < **Y** < **Z**　　② **X** < **Z** < **Y**　　③ **Y** < **X** < **Z**　　④ **Y** < **Z** < **X**　　⑤ **Z** < **Y** < **X**

## 69. 溶解度曲線 ⏱8分

図は，水に対する電解質の溶解度曲線である。溶解度は，溶媒 100 g に溶ける溶質の最大質量(g 単位)の数値で表される。H＝1.0，O＝16，S＝32，Cu＝64

問1　60℃の硫酸銅(Ⅱ)の飽和水溶液 70 g をつくるために必要な硫酸銅(Ⅱ)五水和物の質量は何 g か。最も適当な数値を，次の①〜⑥のうちから一つ選べ。

①　18　　　②　20　　　③　28
④　31　　　⑤　44　　　⑥　56

問2　60℃の水 100 g に硝酸カリウムを溶かして飽和水溶液をつくった後，水を 20 g 蒸発させた。60℃で析出する結晶は何 g か。最も適当な数値を，次の①〜⑥のうちから一つ選べ。

①　8　　　②　10　　　③　22
④　35　　　⑤　87　　　⑥　109

問3　80℃の 36 ％硝酸カリウム水溶液を冷却した場合，結晶が析出し始める温度は何℃か。最も適当な数値を，次の①〜⑥のうちから一つ選べ。

①　14　　②　26　　③　36　　④　48　　⑤　53　　⑥　64

問4　塩化ナトリウムの飽和水溶液から結晶を取り出す場合，どのような方法が適しているか。より適している方法を，次の①・②のうちから一つ選べ。

① 高温でつくった飽和溶液を冷却して結晶を析出させる。
② 飽和溶液から溶媒を蒸発させて結晶を析出させる。

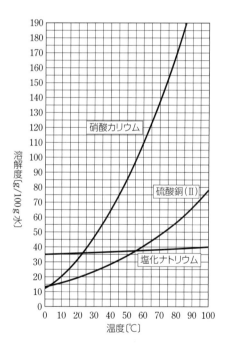

［2015 大阪工大 改］

## 70. 化学反応の量的関係（気体発生） ⏱3分

十分な量の水にナトリウムを加えたところ，次の反応により水素が発生した。

$$2\,Na + 2\,H_2O \longrightarrow 2\,NaOH + H_2$$

反応したナトリウムの質量と発生した水素の物質量の関係を表す直線として最も適当なものを，右の①～④のうちから一つ選べ。Na＝23

[2015 センター追試]

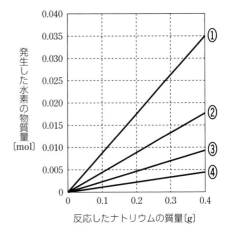

## 71. 化学反応の量的関係（気体発生） ⏱5分

0.020 mol の亜鉛 Zn に濃度 2.0 mol/L の塩酸を加えて反応させた。このとき，加えた塩酸の体積と発生した水素の体積の関係は図1のようになった。ここで，発生した水素の体積は 0℃，1.013× $10^5$ Pa の状態における値である。図中の体積 $V_1$〔L〕と $V_2$〔L〕はそれぞれ何 L か。$V_1$ と $V_2$ の数値の組合せとして最も適当なものを，次の①～⑥のうちから一つ選べ。

| | $V_1$〔L〕 | $V_2$〔L〕 |
|---|---|---|
| ① | 0.020 | 0.90 |
| ② | 0.020 | 0.45 |
| ③ | 0.020 | 0.22 |
| ④ | 0.010 | 0.90 |
| ⑤ | 0.010 | 0.45 |
| ⑥ | 0.010 | 0.22 |

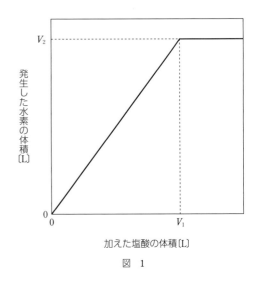

図 1

[2019 センター本試]

## 072. 反応量の計算 ⏱5分

クロム酸カリウム $K_2CrO_4$ の水溶液と硝酸銀 $AgNO_3$ の水溶液を混ぜ合わせると，イオンが次のように反応し，クロム酸銀 $Ag_2CrO_4$ の沈殿が生じる。

$$CrO_4^{2-} + 2Ag^+ \longrightarrow Ag_2CrO_4$$

この反応を調べるため，11本の試験管を用いて，0.10 mol/L のクロム酸カリウム水溶液と 0.10 mol/L の硝酸銀水溶液を，それぞれ表1に示した体積で混ぜ合わせた。各試験管内に生じた沈殿の質量[g]を表すグラフとして最も適当なものを，次の ①〜⑥ のうちから一つ選べ。ただし，沈殿である $Ag_2CrO_4$ は水に全く溶けないものとする。$Ag_2CrO_4 = 332$

表 1

| 試験管番号 | クロム酸カリウム水溶液の体積[mL] | 硝酸銀水溶液の体積[mL] |
|---|---|---|
| 1 | 1.0 | 11.0 |
| 2 | 2.0 | 10.0 |
| 3 | 3.0 | 9.0 |
| 4 | 4.0 | 8.0 |
| 5 | 5.0 | 7.0 |
| 6 | 6.0 | 6.0 |
| 7 | 7.0 | 5.0 |
| 8 | 8.0 | 4.0 |
| 9 | 9.0 | 3.0 |
| 10 | 10.0 | 2.0 |
| 11 | 11.0 | 1.0 |

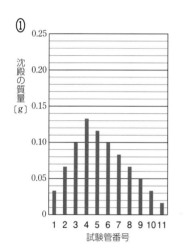

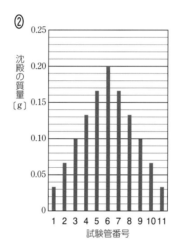

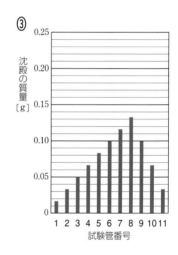

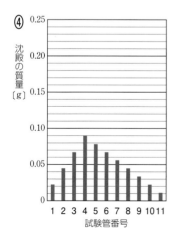

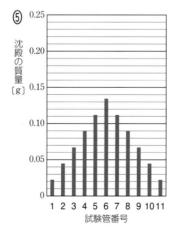

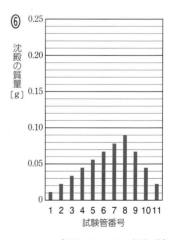

[2019 センター本試 改]

## 例題　酸の電離度　⏱3分

酢酸水溶液中の酢酸の濃度とpHの関係を調べたところ，図のようになった。0.038 mol/Lの水溶液中の酢酸の電離度として最も適当な数値を，下の①〜⑥のうちから一つ選べ。

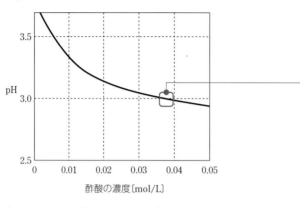

横軸：酢酸の濃度〔mol/L〕

① 0.0010　② 0.0026　③ 0.0038　④ 0.010
⑤ 0.026　⑥ 0.038

[2015 センター追試]

❶酢酸 $CH_3COOH$ の電離によって生じる水素イオンの濃度 $[H^+]$ とpHの関係を考える。

❷酢酸の濃度が 0.038 mol/L のとき，pH が 3.0 である。

### 解説

**思考の過程▶** $c$〔mol/L〕の酢酸の電離度を $\alpha$ とすると，$[H^+]=c\alpha$〔mol/L〕と表される。この関係式と，グラフから読み取れるpHの値を結びつける。

酢酸は1価の弱酸[①]で，水溶液中で次のように電離する。酢酸が電離すると，電離した酢酸と同じ物質量の水素イオンが生じる。

$$CH_3COOH \rightleftharpoons CH_3COO^- + H^+$$

酢酸の電離度[②]は，溶けている酢酸の物質量に対する電離している酢酸の物質量の割合である。したがって，0.038 mol/Lの酢酸水溶液の酢酸の電離度を $\alpha$ とすると，水素イオン濃度 $[H^+]$ は次のように表される。

$$[H^+]=1\times\underset{\text{濃度}}{0.038\,\text{mol/L}}\times\underset{\text{電離度}}{\alpha}$$
（価数）

また，グラフから，0.038 mol/Lの酢酸水溶液のpHは3.0と読み取ることができる。$[H^+]$ とpHの関係は，次のように表される。

$$[H^+]=1\times10^{-n}\,\text{mol/L のとき，pH}=n$$

したがって，0.038 mol/Lの酢酸水溶液の水素イオン濃度は，$[H^+]=1.0\times10^{-3}\,\text{mol/L}$ となる。

よって，次の式が成りたつ。

$$1\times0.038\,\text{mol/L}\times\alpha=1.0\times10^{-3}[③]\,\text{mol/L} \qquad \alpha=0.0263\cdots\fallingdotseq0.026$$

### 解答　⑤

①酢酸は弱酸なので，水に溶かしても，一部の酢酸分子しか電離しない。

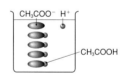

②弱酸は薄くなるほど電離度は大きくなる。強酸は濃度に関係なく，電離度はほぼ1で変化しないとしてよい。

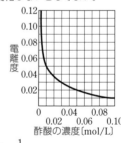

縦軸：電離度　横軸：酢酸の濃度〔mol/L〕

③$10^{-3}=\dfrac{1}{10^3}$

## ○73. 胃酸の中和 ⏱3分

次の文章を読み，問い(問1・2)に答えよ。

　胃液の酸性の本体は塩酸で，消化を助け殺菌作用がある。塩酸の分泌が過剰になると胃粘膜が損傷を受け胃潰瘍になる。炭酸水素ナトリウムは胃液を中和するので，制酸薬として胃潰瘍症状の改善に使用される。

問1　胃液 5.0 mL の中和に，0.10 mol/L の炭酸水素ナトリウム水溶液 8.0 mL を必要とした。この胃液中の塩酸の濃度は何 mol/L か。最も適当な数値を，次の①～⑥のうちから一つ選べ。
　① 0.080　　② 0.16　　③ 0.32　　④ 0.80　　⑤ 1.6　　⑥ 3.2

問2　問1の胃液に炭酸水素ナトリウム水溶液を徐々に加えたときの pH の変化を表すグラフとして，最も適当なものを，次の①～⑤のうちから一つ選べ。

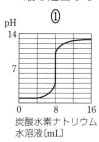 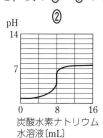 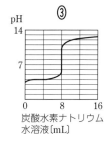 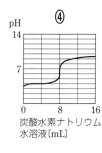 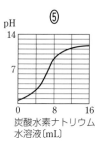

〔2000 摂南大 改〕

## ○74. 中和滴定のグラフ ⏱3分

　0.05 mol/L の硫酸 100 mL に，0.10 mol/L の水酸化ナトリウム水溶液を滴下していったとき，次の **a・b** に当てはまるものを，下の①～⑧のうちから一つずつ選べ。ただし，縦軸は各イオンのモル濃度(mol/L)を，横軸は水酸化ナトリウム水溶液の滴下量(mL)を示す。
**a** $OH^-$ のモル濃度の変化を示すグラフ
**b** $Na^+$ のモル濃度の変化を示すグラフ

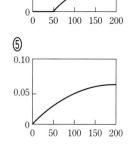 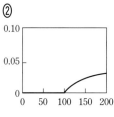 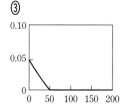 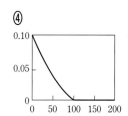

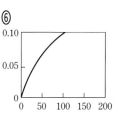 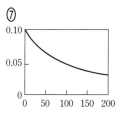 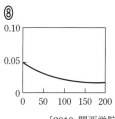

〔2010 関西学院大〕

## 075. 滴定曲線 ⏱6分

濃度未知の硫酸，酢酸水溶液および塩酸がある。それぞれ 25.0 mL をとり，0.10 mol/L の水酸化ナトリウム水溶液あるいは 0.10 mol/L のアンモニア水で滴定した。

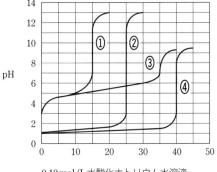

0.10 mol/L 水酸化ナトリウム水溶液
または 0.10 mol/L アンモニア水の体積〔mL〕

問1　次の組合せで得られる滴定曲線を，図の①〜④のうちから一つずつ選べ。

　**a** 硫酸とアンモニア水
　**b** 酢酸水溶液と水酸化ナトリウム水溶液
　**c** 塩酸と水酸化ナトリウム水溶液

問2　滴定前の酢酸水溶液のモル濃度は何 mol/L か。最も適当な数値を，次の①〜⑤のうちから一つ選べ。
　① 0.030　② 0.060　③ 0.080　④ 0.10　⑤ 0.16

問3　滴定前の酢酸の電離度として最も適当な数値を，次の①〜⑤のうちから一つ選べ。
　① 0.001　② 0.017　③ 0.625　④ 1.70　⑤ 2.35

〔1995 山形大 改〕

## 076. 二段階中和 ⏱5分

次の文章の  〜 オ に当てはまるものを，それぞれの選択肢のうちから一つずつ選べ。

塩の分類において，炭酸ナトリウムは ア であり，その水溶液は イ を示す。右の図は 25℃において，0.0500 mol/L の炭酸ナトリウム水溶液 20.0 mL に，濃度のわからない希塩酸を滴下したときの pH の変化を示したものである。このとき起きるすべての中和反応が完了するのは，点 ウ であり，この中和点を検出するための指示薬として エ を用いるのがよい。図より，希塩酸の濃度を求めると オ mol/L となる。

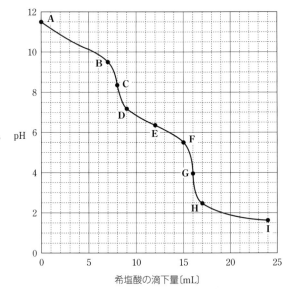

図　炭酸ナトリウム水溶液に希塩酸を滴下した際のpH変化

　ア の選択肢：① 正塩　② 酸性塩　③ 塩基性塩

　イ の選択肢：① 中性　② 酸性　③ 塩基性

　ウ の選択肢：① A　② B　③ C　④ D　⑤ E　⑥ F　⑦ G　⑧ H　⑨ I

　エ の選択肢：① フェノールフタレイン　② メチルオレンジ　③ デンプン水溶液　④ 硝酸銀水溶液

　オ の選択肢：① 0.0833　② 0.125　③ 0.133　④ 0.167　⑤ 0.222　⑥ 0.250

〔2019 金沢工大 改〕

## 077. 水溶液の液性と電気伝導性 ⏱4分

図1のラベルが貼ってある3種類の飲料水 **X**～**Z** のいずれかが，コップ I ～III にそれぞれ入っている。どのコップにどの飲料水が入っているかを見分けるために，BTB（ブロモチモールブルー）溶液と図2のような装置を用いて実験を行った。その結果を表1に示す。

飲料水 **X**

| 名称：ボトルドウォーター |
| 原材料名：水（鉱水） |

| 栄養成分（100mL 当たり） |
| エネルギー　　　　　　　0kcal |
| たんぱく質・脂質・炭水化物　0g |
| ナトリウム　　　　　　0.8mg |
| カルシウム　　　　　　1.3mg |
| マグネシウム　　　　　0.64mg |
| カリウム　　　　　　　0.16mg |
| pH 値 8.8～9.4　　硬度 59mg/L |

飲料水 **Y**

| 名称：ナチュラルミネラルウォーター |
| 原材料名：水（鉱水） |

| 栄養成分（100mL 当たり） |
| エネルギー　　　　　　　0kcal |
| たんぱく質・脂質・炭水化物　0g |
| ナトリウム　　　　0.4～1.0mg |
| カルシウム　　　　0.6～1.5mg |
| マグネシウム　　　0.1～0.3mg |
| カリウム　　　　　0.1～0.5mg |
| pH 値 約7　　硬度 約30mg/L |

飲料水 **Z**

| 名称：ナチュラルミネラルウォーター |
| 原材料名：水（鉱水） |

| 栄養成分（100mL 当たり） |
| たんぱく質・脂質・炭水化物　0g |
| ナトリウム　　　　　　1.42mg |
| カルシウム　　　　　　54.9mg |
| マグネシウム　　　　　11.9mg |
| カリウム　　　　　　　0.41mg |
| pH 値 7.2　　硬度 約1849mg/L |

図　1

表1　実験操作とその結果

|  | BTB 溶液を加えて色を調べた結果 | 図2の装置を用いて電球がつくか調べた結果 |
|---|---|---|
| コップI | 緑 | ついた |
| コップII | 緑 | つかなかった |
| コップIII | 青 | つかなかった |

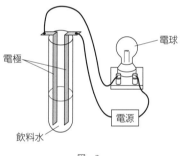

図　2

コップ I ～III に入っている飲料水 **X**～**Z** の組合せとして最も適当なものを，次の ①～⑥ のうちから一つ選べ。ただし，飲料水 **X**～**Z** に含まれる陽イオンはラベルに示されている元素のイオンだけとみなすことができ，水素イオンや水酸化物イオンの量はこれらに比べて無視できるものとする。

|  | コップI | コップII | コップIII |
|---|---|---|---|
| ① | **X** | **Y** | **Z** |
| ② | **X** | **Z** | **Y** |
| ③ | **Y** | **X** | **Z** |
| ④ | **Y** | **Z** | **X** |
| ⑤ | **Z** | **X** | **Y** |
| ⑥ | **Z** | **Y** | **X** |

［2018 試行調査］

## 例題　イオン化傾向　⏱2分

右図の金属 **a～e** は，それぞれ Au，Cu，Fe，Li，Mg のいずれかである。図のように反応性に関する四つの判定基準にしたがって，これらの金属を判別した。金属 **b** および金属 **d** として適当なものを，次の①～⑤のうちから一つずつ選べ。

① Au　　② Cu　　③ Fe
④ Li　　⑤ Mg

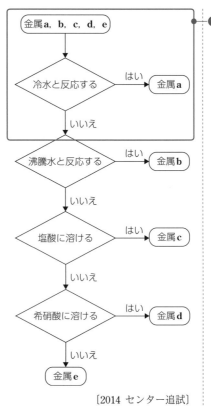

［2014 センター追試］

❶図から，フローチャートのしくみを読み取る。一つ目の判定基準に該当する金属は金属 **a** となり，二つ目の判定基準では金属 **a** として選んだ金属以外のものについて判定する。

**解説** イオン化傾向①が大きい金属の単体は，水や酸と反応しやすい。

Au，Cu，Fe，Li，Mg のうち，一つ目の判定基準である「冷水と反応する」に該当する金属は Li である。よって，金属 **a** は④と決まる。

Au，Cu，Fe，Mg のうち，二つ目の判定基準である「沸騰水と反応する」に該当する金属は Mg である。よって，金属 **b** は⑤と決まる。

Au，Cu，Fe のうち，三つ目の判定基準である「塩酸に溶ける」に該当する金属は Fe である。よって，金属 **c** は③と決まる。

Au，Cu のうち，四つ目の判定基準である「希硝酸②に溶ける」に該当する金属は Cu である。よって，金属 **d** は②と決まる。

**解答** 金属 **b**：⑤　　金属 **d**：②

①単体の金属の原子が水溶液中で電子を放出して陽イオンになる性質。
問題文中の金属をイオン化傾向の大きいものから順に並べると，次のようになる。
Li > Mg > Fe > Cu > Au

②硝酸は，酸化力のある酸である。

## 知識の確認　金属のイオン化傾向

| イオン化列 | (大) Li K Ca Na Mg Al Zn Fe Ni Sn Pb (H₂) Cu Hg Ag Pt Au (小) | | |
|---|---|---|---|
| 乾燥空気との反応 | 常温で速やかに酸化 ／ 加熱により酸化 | 強熱により酸化 | 酸化されない |
| 水との反応 | 常温で反応 ／ 高温水蒸気と反応 | 反応しない | |
| 酸との反応 | 酸化力のない希酸と反応し，水素を発生 | 硝酸と反応 | 王水に溶解 |

## 078. 酸化還元反応の量的関係 ⏱2分

清涼飲料水の中には，酸化防止剤としてビタミンC（アスコルビン酸）$C_6H_8O_6$ が添加されているものがある。ビタミンCは酸素 $O_2$ と反応することで，清涼飲料水中の成分の酸化を防ぐ。このときビタミンCおよび酸素の反応は，次のように表される。

$$C_6H_8O_6 \longrightarrow C_6H_6O_6 + 2H^+ + 2e^-$$
ビタミンC　　　ビタミンCが
　　　　　　　酸化されたもの

$$O_2 + 4H^+ + 4e^- \longrightarrow 2H_2O$$

ビタミンCと酸素が過不足なく反応したときの，反応したビタミンCの物質量と，反応した酸素の物質量の関係を表す直線として最も適当なものを，右の①〜⑤のうちから一つ選べ。

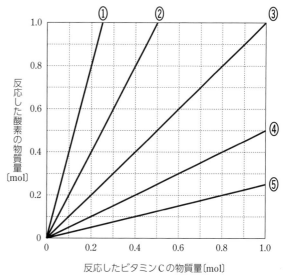

[2018 試行調査]

## 079. 酸化還元滴定 ⏱3分

過マンガン酸カリウム $KMnO_4$ と過酸化水素 $H_2O_2$ の酸化剤あるいは還元剤としてのはたらきは，電子を含む次のイオン反応式で表される。

$$MnO_4^- + 8H^+ + 5e^- \longrightarrow Mn^{2+} + 4H_2O \quad \cdots\cdots \text{(i)}$$

$$H_2O_2 \longrightarrow O_2 + 2H^+ + 2e^- \quad \cdots\cdots \text{(ii)}$$

過酸化水素 $x$〔mol〕を含む硫酸酸性水溶液に過マンガン酸カリウム水溶液を加えたところ，酸素が発生した。この反応における加えた過マンガン酸カリウムの物質量と，未反応の過酸化水素の物質量との関係は，図のようになった。次の問い（**a・b**）に答えよ。

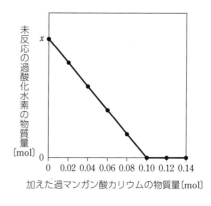

**a** 反応式(ii)における酸素原子の酸化数の変化として正しいものを，次の①〜⑤のうちから一つ選べ。

① 2減る　　② 1減る　　③ 変化しない　　④ 1増える　　⑤ 2増える

**b** 反応前の過酸化水素の物質量 $x$ は何 mol か。最も適当な数値を，次の①〜⑥のうちから一つ選べ。

① 0.010　　② 0.025　　③ 0.040　　④ 0.25　　⑤ 0.40　　⑥ 1.0

[2018 センター追試]

## 80. 金属の反応性とリサイクル ⏱8分

金属に関する次の文章を読み，問い(問1〜3)に答えよ。

金属が単体として最初に取り出された年代は，ある文献によれば図1のように表される。図1の縦軸は，採取した鉱石から金属単体を取り出すために必要なエネルギーを表し，このエネルギーは金属と酸素の結合の強さに関連している。金は，図1に示す金属の中で最も酸素との結合が弱く，鉱石中にも金属単体の状態で存在している。しかし，鉱石の大部分は酸化物であり，これを ア して金属単体をつくる。(a)アルミニウム，鉄，銅の各酸化物を比較すると，銅が最も酸素との結合が イ ので，低い反応温度で金属単体をつくることができ，早い時代から利用されてきた。銅は単体よりも青銅(ブロンズ)とよばれる合金として使用されるようになり，青銅器時代が始まった。

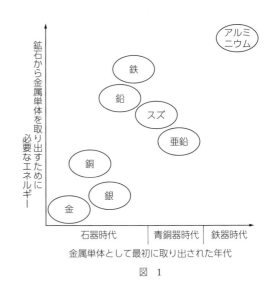

図　1

問1 空欄 ア と イ に入る語の組合せとして正しいものを，次の①〜⑥のうちから一つ選べ。

| | ア | イ | | ア | イ |
|---|---|---|---|---|---|
| ① | 酸化 | 強い | ④ | 中和 | 弱い |
| ② | 酸化 | 弱い | ⑤ | 還元 | 強い |
| ③ | 中和 | 強い | ⑥ | 還元 | 弱い |

問2 鉄 Fe とアルミニウム Al のさびやすさについて調べるために，図2に示すように鉄棒とアルミニウム棒を水や油に浸して室温で2日間放置した。その結果，**実験A**において，鉄棒の水中にある部分からさびが生じているのが観察され，それ以外の部分では変化が見られなかった。**実験B・C**においては，実験前後で金属に明瞭な変化が観察されなかった。この実験結果について，次の問い(a・b)に答えよ。

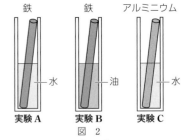

図　2

**a 実験A と実験B の結果から明らかになったこと**について正しいものを，次の①〜⑤のうちから一つ選べ。
① 鉄は，油に浸すほうが水に浸すよりさびやすい。
② 鉄は，油に浸すほうが空気中に置くよりさびやすい。
③ 鉄は，空気中に置くほうが油に浸すよりさびやすい。
④ 鉄は，空気中に置くほうが水に浸すよりさびやすい。
⑤ 鉄は，水に浸すほうが空気中に置くよりさびやすい。

**b** 次の文章中の空欄 ウ ～ オ に入る語の組合せとして正しいものを，右の①～④のうちから一つ選べ。

| | ウ | エ | オ |
|---|---|---|---|
| ① | Fe | Al | 弱い |
| ② | Fe | Al | 強い |
| ③ | Al | Fe | 弱い |
| ④ | Al | Fe | 強い |

図1からわかるように， ウ は酸素との結合が エ より オ ので，空気中でもその金属表面が酸化されやすく，酸化物の被膜が生成される。**実験A**と**実験C**の結果に違いがでたのは， ウ の表面を酸化物の被膜が覆ったため，内部までさびるのを防いだからと考えられる。

**問3** 下線部(**a**)に関して，アルミニウムを鉱石から取り出すためには，鉄よりも多くのエネルギーを必要とする。しかし，アルミニウムは鉄より融点が低いので，1回のリサイクルに必要なエネルギーは鉄より少ない。表1に示す条件において，鉄1kgをリサイクルする回数と，鉱石から積算した総エネルギーとの関係は，図3のグラフで表される。アルミニウム1kgを鉄1kgと同じ回数リサイクルするとき，何回以上リサイクルすると，鉱石から積算した総エネルギーが鉄より少なくなるか。最も適当な数値を，次の①～⑤のうちから一つ選べ。

① 34 　　② 40 　　③ 43 　　④ 50 　　⑤ 58

表　1

| | 金属1kgを鉱石から取り出すために必要なエネルギー〔kWh〕 | 金属1kgを1回リサイクルするために必要なエネルギー〔kWh〕 |
|---|---|---|
| 鉄 | 3 | 1 |
| アルミニウム | 20 | 0.6 |

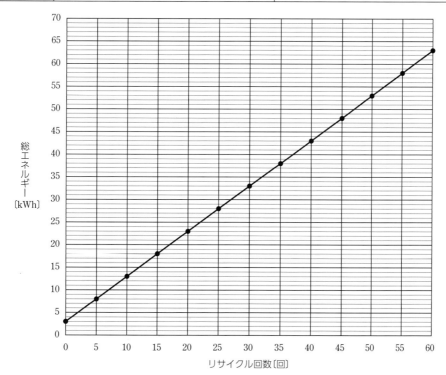

図3　鉄1kgのリサイクルに必要な総エネルギー
（リサイクル回数0回の総エネルギーは，鉱石からつくり出すのに必要なエネルギーを表す）

［2009 センター本試 改］

**例題** 放射線を出して変化する原子 ⏱4分

　リカさんは，放射線について関心をもち，先生に質問した。

リカ：放射線は，どのようにして原子から生じるのですか。

先生：簡単な構造をもつ水素原子を例にして考えましょう。水素原子には，$^1_1H$，$^2_1H$ および $^3_1H$ の三種類があります。

リカ：それらの原子には，どのような違いがあるのでしょうか。

先生：それぞれの水素原子の化学的な性質はほとんど同じですが，❶$^3_1H$ の原子核は不安定なため，$^3_2He$ の原子核に変化します。

リカ：ということは，このときの変化では原子核そのものが変化するのですか。

先生：はいそうです。$^3_2He$ の原子核には，陽子と中性子がそれぞれいくつ含まれていますか。

リカ：陽子2個と中性子1個です。❷$^3_1H$ の原子核では，　ア　という変化が起こるのですね。

先生：その変化で，放射線の一種であるβ線が生じます。この変化で生じた $^3_2He$ の原子核は安定なため，これ以上の変化は起こりません。

リカ：$^3_1H$ の場合は，安定な原子核への変化の過程で，放射線が出ることがわかりました。

❶$^3_1H$ の原子核が変化すると，別の元素の原子核に変化することを読み取る。

❷$^3_2He$ の原子核と比べて，どの粒子の数が変化しているかを考える。

**問 1**　下線部の三種類の水素原子の関係を表す語として最も適当なものを，次の①～⑥のうちから一つ選べ。

① 同位体　　② 同素体　　③ 同族

④ 導体　　　⑤ 半導体　　⑥ 混合物

**問 2**　上の文章中の空欄　ア　に入る語句として最も適当なものを，次の①～⑤のうちから一つ選べ。

① 陽子1個がエネルギーに変わる

② 中性子1個がエネルギーに変わる

③ 電子1個が陽子1個に変わる

④ 陽子1個が中性子1個に変わる

⑤ 中性子1個が陽子1個に変わる

**問 3**　β線は　ア　という変化が起こることで，原子核から高速で何かが放出されたものである。原子核から放出されたものとして最も適当なものを，次の①～⑤のうちから一つ選べ。

① 電子　　② 陽子　　③ 中性子

④ $^2_1H$ の原子核　　　⑤ $^4_2He$ の原子核

[2007 センター追試 改]

解説

問1 $^1_1H$, $^2_1H$, $^3_1H$ のように，同じ元素の原子で，中性子の数が異なる原子どうしを，互いに**同位体**[1]であるという。同位体どうしは，原子番号（＝陽子の数）は同じであるが，中性子の数が異なるため，質量数は異なる。$^1_1H$, $^2_1H$, $^3_1H$ の陽子の数，中性子の数，質量数は次のようになる。

|  | $^1_1H$ | $^2_1H$ | $^3_1H$ |
|---|---|---|---|
| 原　子 | 陽子 | 中性子 | |
| 陽子の数<br>（＝原子番号） | 1 | 1 | 1 |
| 中性子の数 | 0 | 1 | 2 |
| 質量数 | 1 | 2 | 3 |

よって，最も適当なものは，**①**。

問2 　**思考の過程▶** $^3_1H$ と $^3_2He$ を構成する粒子の数を比較して，$^3_1H$ の原子核でどのような変化が起こったのかを考える。

$^3_1H$ と $^3_2He$ の陽子の数，中性子の数，質量数は次の通り。

|  | $^3_1H$ | $^3_2He$ |
|---|---|---|
| 陽子の数 | 1 　1増加 | ② |
| 中性子の数[2] | ② 　1減少 | 1 　中性子1個が陽子1個に変わった |
| 質量数 | 3 | 3 |

$^3_1H$ が $^3_2He$ に変化すると，陽子の数が1増加し，中性子の数が1減少することから，中性子1個が陽子1個に変化することがわかる。

よって，最も適当なものは，**⑤**。

問3 　**思考の過程▶** 問2より，β線[3]は，中性子1個が陽子1個に変わるときに，原子核から放出されるものである。中性子は電気を帯びておらず，陽子は正の電気を帯びていることから，電気を帯びたものが放出されると考える。

電気を帯びていない中性子が正の電気を帯びた陽子になったことから，負の電気を帯びた電子が放出されたと考えられる。β線は電子の流れで，β線が生じるときは，中性子が陽子に変化し，原子番号が1大きくなる[4]。

よって，最も適当なものは，**①**。

電子⊖

$^3_1H$の
原子核　　　　　$^3_2He$の
　　　　　　　　原子核

※原子核のまわりの電子は
　省略してある。

**解答** 問1 ①　　問2 ⑤　　問3 ①

①地球上の元素の多くは，何種類かの同位体がほぼ一定の割合で存在している。同位体どうしの化学的性質は，ほぼ同じである。

②中性子の数＝質量数－陽子の数

③放射線には，β線のほかに，α線，γ線など，さまざまな種類がある。

④この変化をβ崩壊という。

# 081. 元素と単体 ⏱3分

次の文章は，母と小学生の息子の朝の会話である。この会話文を読み，問い(問1・2)に答えよ。

母　：もう起きないと遅刻するよ！

息子：えっ，こんな時間。なんでもっと早く起こしてくれなかったの！

母　：何度も声をかけたけど，全然起きないじゃない。それより，早くご飯を食べなさい。

息子：おなかすいてないよ！

母　：食べられるものを食べなさい。牛乳は必ず飲んで，a カルシウムをとりなさい。

息子：わかったよ。食べるよ！

母　：食べ終わったら，歯を磨きなさい。歯磨き粉の b フッ素が虫歯を防ぐから。

息子：は～い。そうだ，明日，理科の授業でゴム風船を使うから，買っておいて！

母　：ゴム風船？　何をするの？

息子：風船に c ヘリウムを入れて浮かせるんだって。

母　：面白そうね。スーパーで買ってくるよ。

息子：風船といえば，今度友達と d 水風船で遊ぶ約束をしたんだ。ついでに水風船もお願い！

問1　下線部 a～c のうち，単体ではなく元素を指しているものはどれか。すべてを正しく選択しているものを，次の①～⑦のうちから一つ選べ。

① a　　② b　　③ c　　④ a・b　　⑤ a・c　　⑥ b・c　　⑦ a・b・c

問2　下線部 d について，水分子を構成する水素原子と酸素原子には，それぞれ次の表のような同位体が存在する。水分子に関する記述として正しいものを，下の①～⑤のうちから二つ選べ。ただし，存在する同位体は表に記載されているもののみであるとする。

| 同位体 | 存在比 |
|---|---|
| $^1$H | 99.9885 % |
| $^2$H | 0.0115 % |
| $^{16}$O | 99.757 % |
| $^{17}$O | 0.038 % |
| $^{18}$O | 0.205 % |

① 水分子は，全部で9種類存在する。

② すべての水分子について，含まれる陽子の数は18個である。

③ 最も多く存在する水分子は，$^1$H$_2$$^{16}$O である。

④ 最も質量の大きい水分子は，$^2$H$_2$$^{17}$O である。

⑤ $^1$H$^2$H$^{16}$O と $^1$H$_2$$^{16}$O の存在比は，ほぼ等しい。

# 82. 塩化ナトリウム ⏱3分

次の文章を読み，問い(問1～3)に答えよ。

　日本の製塩法に関心をもったアニーさんは，a昔の製塩法を伝える施設を訪れた。最初に，古代製塩法の「藻塩焼き」を見学した。海水を大量に含ませた玉藻(＝ホンダワラ)を壺に入れて外から焚き火で焼く製塩法で，bあまりべとつかない塩ができることを知った。次に，太陽エネルギーを利用して海水を濃縮する入り浜式塩田法の模型を見学した。自然をうまく利用したこの方法により，塩を大量に生産することが可能になったが，天候に左右される欠点があった。

　後日，アニーさんは，現在の日本における製塩法についてインターネットで調べたところ，海水中のcナトリウムイオンと塩化物イオンの特性を利用したイオン交換膜法によって海水を濃縮して製塩が行われていることを知った。

問1　下線部 a の製塩法では，海水から水を蒸発させて食塩を作っていた。水の蒸発に関連する記述として**適当でないもの**を，次の①～⑤のうちから一つ選べ。

① 水が加熱されて沸騰しているときは，加熱中であるにもかかわらず，水の温度は上昇しない。
② 水が加熱されて沸騰しているときは，水と水蒸気が共存している。
③ 水は，100℃以下でも蒸発する。
④ 水が蒸発する現象は，状態変化である。
⑤ 水蒸気の密度は，液体の水の密度に等しい。

問2　下線部 b に関して，べとつく原因の一つは，海水中の塩化マグネシウムである。塩化マグネシウム水溶液と塩化ナトリウム水溶液とを区別する方法として最も適当なものを，次の①～④のうちから一つ選べ。

① それぞれの水溶液の炎色反応を調べる。
② それぞれの水溶液にヨウ素液を加える。
③ それぞれの水溶液に塩酸を加える。
④ それぞれの水溶液にフェノールフタレイン溶液を加える。

問3　下線部 c のナトリウムイオンに関する説明として最も適当なものを，次の①～⑤のうちから一つ選べ。

① 最外殻に配置されている電子は1個である。
② M 殻に電子がない。
③ 陽子の数より電子の数が多い。
④ 原子核に中性子がない。
⑤ マグネシウム原子と電子配置が同じである。

［2008 センター追試］

例題　気体の分子式　⏱5分

次の文章を読み，問い（問1～3）に答えよ。H＝1.00，C＝12.0，N＝14.0，O＝16.0

気体の分子量は，分子量のわかっている同体積の気体とその質量を比較することで求めることができる。次のような実験で，分子量のわからない気体の分子量を測定した。

室温20℃のもとで，水で満たしたメスシリンダーを水槽に倒立させ，❶酸素ボンベから酸素を200mL噴出させた。この操作の前後で酸素ボンベの質量を正確に測定した。この操作を3回繰り返したところ，酸素ボンベの質量の減少量の平均は0.261gであった。

分子量のわからない気体が入ったボンベに対して，酸素の場合と同じように測定を行った。❶気体を200mLずつボンベから噴出させ，気体の噴出前と噴出後の質量を測定した。その結果は表1のようになり，ボンベの質量の減少量の平均は　ア　gであった。

メスシリンダー
ボンベ
水

❶酸素と気体の体積はどちらも200mL（同温・同圧）なので，物質量は等しい。

表1　噴出前と噴出後のボンベの質量〔g〕

| | 噴出前 | 噴出後 |
|---|---|---|
| 1回目 | 147.540 | 147.310 |
| 2回目 | 147.310 | 147.085 |
| 3回目 | 147.085 | 146.856 |

❷表1の実験結果より，ボンベの質量の減少量を求め，その平均値を求める。

問1　　ア　に入る数値を有効数字3桁で次の形式で表すとき，　1　～　3　に当てはまる数字を，下の①～⓪のうちから一つずつ選べ。ただし，同じものを繰り返し選んでもよい。

0.　1　　2　　3　g

① 1　　② 2　　③ 3　　④ 4　　⑤ 5　　⑥ 6　　⑦ 7　　⑧ 8
⑨ 9　　⓪ 0

問2　酸素と比較すると，この気体の分子量はおよそいくらになるか。有効数字2桁で次の形式で表すとき，　4　・　5　に当てはまる数字を，下の①～⓪のうちから一つずつ選べ。ただし，同じものを繰り返し選んでもよい。また，実験中の温度，大気圧には変化がなかったものとし，気体の水への溶解もなかったものとする。

4　　5

① 1　　② 2　　③ 3　　④ 4　　⑤ 5　　⑥ 6　　⑦ 7　　⑧ 8
⑨ 9　　⓪ 0

問3　問2の結果から，この気体の分子式として考えられるものを，次の①～⑧のうちから二つ選べ。

① $N_2$　② NO　③ $NO_2$　④ $CO_2$　⑤ $CH_4$

⑥ $C_2H_6$　⑦ $C_2H_4$　⑧ $C_3H_8$

**解説**

**問1**　ボンベの質量の減少量は，

噴出前の質量－噴出後の質量

によって求めることができる。表1より，1～3回目の減少量を求めると，次のようになる。

|  | 噴出前 | 噴出後 | 減少量 |
|---|---|---|---|
| 1回目 | 147.540 g | 147.310 g | **0.230 g** |
| 2回目 | 147.310 g | 147.085 g | **0.225 g** |
| 3回目 | 147.085 g | 146.856 g | **0.229 g** |

よって，減少量の平均値は，

$$\frac{0.230\,\text{g}+0.225\,\text{g}+0.229\,\text{g}}{3}=0.2\underline{2}\ \underline{8}\ \text{g}$$

**問2**

> **思考の過程 ▶** 同温・同圧下で気体の体積が等しい
> → 気体の物質量も等しい(アボガドロの法則)
> → 酸素の物質量＝気体の物質量
> より，気体の分子量を求める。

アボガドロの法則より，同温・同圧下で同じ体積(200 mL)である酸素(分子量 32.0)と気体の物質量は等しい。気体の分子量を $M$ とおくと，**問1**で求めたボンベの質量の減少量の平均から，

$$\underbrace{\frac{0.261\,\text{g}}{32.0\,\text{g/mol}}}_{\text{酸素の物質量}}=\underbrace{\frac{0.228\,\text{g}}{M\,\text{g/mol}}}_{\text{気体の物質量}}$$

$M=27.9\cdots\fallingdotseq\underline{2}\ \underline{8}$

**問3**　問題文に与えられている原子量を用いてそれぞれの気体の分子量を計算すると，次のようになる。

① $N_2=28.0$　　② $NO=30.0$

③ $NO_2=46.0$　　④ $CO_2=44.0$

⑤ $CH_4=16.0$　　⑥ $C_2H_6=30.0$

⑦ $C_2H_4=28.0$　　⑧ $C_3H_8=44.0$

よって，**問2**で求めた分子量に合致するものは，①，⑦。

**解答** 問1 | 1 | ② | 2 | ② | 3 | ⑧ | 問2 | 4 | ② | 5 | ⑧ | 問3 ①，⑦

## ○83. 化学の基礎法則 ⏱5分

次の文章を読み，問い(問1〜4)に答えよ。

　18世紀末にフランスのラボアジエは，密閉容器と天秤を用いて物質の燃焼について詳しく調べた。その結果「(a)化学変化の前後において，物質の質量の総和は変化しない」ことを見出し，これを質量保存の法則とした。またプルーストは，天然の炭酸銅と，実験室で合成した炭酸銅の成分の質量比が一定であることから，「(b)化合物中の成分元素の質量比は，常に一定である」とし，これを定比例の法則と唱えた。19世紀に入るとすぐに，イギリスのドルトンは「(c)同じ二種類の元素からなる異なった化合物AとBにおいて，一方の元素の一定質量に化合するもう一方の元素の質量比は，簡単な整数比になる」という倍数比例の法則を提唱した。また，ドルトンはこれらの法則を理解するために，「(d)物質は，それ以上に分割できない粒子によって構成され，化合物はその粒子が一定の個数ずつ結合したものである」とした。この考え方は，ドルトンの原子説とよばれた。

　同じ頃，フランスのゲーリュサックは気体どうしの反応を詳しく調べることで，「(e)気体どうしの反応や，反応によって気体が生成するとき，それらの気体の体積の間には簡単な整数比が成りたつ」という気体反応の法則を発見した。しかし，この法則はドルトンの原子説と矛盾する実験結果を含んでおり，物質の構成に関する新たな問題が提起された。この論争中に，イタリアのアボガドロは，いくつかの粒子が結合し一つの単位となる考え方を導入し，「気体は同温・同圧のとき，同体積中に同数の分子が含まれている」と提唱した。この考え方は，アボガドロの分子説とよばれ，化学における多くの基本法則を理解する上での礎となった。

問1　下線部(a)に関して，ある気体を完全燃焼させたとき，二酸化炭素44g，水蒸気27gが得られた。この気体を次の①〜④のうちから一つ選べ。H=1.0，C=12，O=16
① エチレン $C_2H_4$　　② メタン $CH_4$　　③ エタン $C_2H_6$　　④ プロパン $C_3H_8$

問2　下線部(b)に関して，定比例の法則によって説明される実験結果を，次の①〜⑤のうちから一つ選べ。
① 亜鉛327gと酸素80gから酸化亜鉛407gが生成した。
② 蒸留水1Lと燃焼から得た水1Lに含まれる酸素と水素の質量比が同じだった。
③ 同温・同圧の窒素1Lと水素3Lからアンモニア2Lが生成した。
④ 同温・同圧の窒素1Lと酸素1L中に含まれる分子の数が同じだった。
⑤ 一酸化炭素と二酸化炭素とでは，一定量の炭素と化合する酸素の質量比は1：2であった。

問3　下線部(c)に関して，倍数比例の法則によって説明される実験結果を，問2の①〜⑤のうちから一つ選べ。

問4　下線部(e)に関して，同温・同圧の気体である水素と酸素から水蒸気が生成するとき，水素と酸素と水蒸気の体積比は2：1：2となった。この実験結果は，ゲーリュサックの発見した気体反応の法則に従っているが，下線部(d)に示されるドルトンの原子説と矛盾している。どのように矛盾しているかを次のように図で説明するとき，水蒸気の部分に当てはまる図として最も適当なものを，右の①〜④のうちから一つ選べ。

[2011 金沢大 改]

## 084. 燃料用ガス ⏱8分

次の文章を読み，問い(問1・2)に答えよ。

リカさんは，家庭で利用されている燃料用ガスに関心をもち，その原料や化学的性質について調べた。その結果，原料として最近は，メタンを主成分とする天然ガスと，プロパンを主成分とする石油ガスが主に用いられており，これらのガスが単独で，あるいは混合されて，燃料用ガスとして家庭へ供給されることがわかった。また，化学の参考書から，「同温・同圧のもとで，1L中に含まれる気体分子の数は，その種類にかかわらず等しい」ことを調べ，次に示す水素および炭化水素に関するデータを集めた。

| 気体名 | 分子式 | 燃焼による気体1L当たりの発熱量 $H$(kJ/L) |
|--------|--------|------------------------------------------|
| 水素 | $H_2$ | 10 |
| メタン | $CH_4$ | 40 |
| エタン | $C_2H_6$ | 70 |
| プロパン | $C_3H_8$ | 100 |

問1 次の文章中の ［ 1 ］～［ 4 ］ に入れる数値あるいは語句として最も適当なものを，下の①～⑧のうちから一つ選べ。ただし，同じものを繰り返し選んでもよい。

リカさんは，炭化水素の燃焼の化学反応を考えた。まず，メタンを例として，燃焼を化学反応式で表した。

$$CH_4 + \boxed{1}\, O_2 \longrightarrow CO_2 + 2H_2O$$

また，表中の炭化水素の場合，1分子に含まれる炭素原子の数を $X$ で表すと，水素原子の数は，$2X+2$ になることに気がついた。この関係を用いると，炭化水素が燃焼するために必要な酸素分子($O_2$)の数 $Y$ と，炭素原子の数 $X$ との関係は次の式となった。

$$Y = \boxed{2}\, X + \boxed{3} \qquad \cdots\cdots(i)$$

(i)式から，石油ガスは天然ガスと比べて，体積1Lのガスを燃焼した場合の酸素の消費量が ［ 4 ］ ことがわかった。

① $\dfrac{1}{2}$  ② 1  ③ $\dfrac{3}{2}$  ④ 2  ⑤ 3  ⑥ 少ない  ⑦ 等しい  ⑧ 多い

問2 次の文章中の ［ 5 ］～［ 7 ］ に入れる数値あるいは語句として最も適当なものを，下の①～⑧のうちから一つ選べ。ただし，同じものを繰り返し選んでもよい。

リカさんは，燃焼による発熱と二酸化炭素の生成について考えた。表中の炭化水素1L当たりの発熱量 $H$ は，$X$ を用いると，次の式で表せた。

$$H = \boxed{5}\, X + \boxed{6} \qquad \cdots\cdots(ii)$$

炭化水素1Lに含まれる気体分子の数を $n$ とすると，炭化水素1Lの燃焼により，$nX$ 個の二酸化炭素が生じる。(ii)式の両辺を $nX$ で割ると，生成する二酸化炭素1分子当たりの発熱量が得られる。その結果，石油ガスでは，天然ガスと比べて，二酸化炭素1分子当たりの発熱量は ［ 7 ］ ことがわかった。

① 10  ② 20  ③ 30  ④ 40  ⑤ 50  ⑥ 小さい  ⑦ 等しい  ⑧ 大きい

[2006 センター追試 改]

**例題** 電気伝導度を利用した中和滴定 ⏱️4分

　濃度不明の水酸化バリウム水溶液のモル濃度を求めるために，その 50 mL をビーカーにとり，水溶液の電気の通しやすさを表す電気伝導度を測定しながら，0.10 mol/L の希硫酸で滴定した。❶<u>イオンの濃度により電気伝導度が変化することを利用して中和点を求めたところ</u>，中和に要した希硫酸の体積は 25 mL であった。この実験に関する問い（**a・b**）に答えよ。ただし，滴定中に起こる電気分解は無視できるものとする。

**a** 希硫酸の滴下量に対する電気伝導度の変化の組合せとして最も適当なものを，次の①～⑥のうちから一つ選べ。

| | 希硫酸の滴下量が❷0 mL から 25 mL までの電気伝導度 | 希硫酸の滴下量が 25 mL 以上のときの電気伝導度 |
|---|---|---|
| ① | 変化しなかった | 減少した |
| ② | 変化しなかった | 増加した |
| ③ | 減少した | 変化しなかった |
| ④ | 減少した | 増加した |
| ⑤ | 増加した | 変化しなかった |
| ⑥ | 増加した | 減少した |

**b** 水酸化バリウム水溶液のモル濃度は何 mol/L か。最も適当な数値を，次の①～⑥のうちから一つ選べ。

① 0.025　　② 0.050　　③ 0.10　　④ 0.25　　⑤ 0.50　　⑥ 1.0

[2018 センター本試]

❶指示薬ではなく電気伝導度を利用した中和滴定であるから，水溶液中のイオンの数について考える。

❷滴定を開始してから中和点まで，と読み取る。

**解説**

**思考の過程▶** イオンが水溶液中に多くあるほど，水溶液の電気伝導度は大きくなる。

**a**　水酸化バリウム $Ba(OH)_2$ に硫酸 $H_2SO_4$ を加えると，次のように反応して，硫酸バリウム $BaSO_4$ の沈殿が生じる。

$$Ba(OH)_2 + H_2SO_4 \longrightarrow BaSO_4\downarrow + 2H_2O$$

希硫酸の滴下量が 0 mL から 25 mL までの間，$H^+ + OH^- \longrightarrow H_2O$，$Ba^{2+} + SO_4^{2-} \longrightarrow BaSO_4$ の反応が起こるため，水溶液中のイオンが減少し，中和点まで水溶液の電気伝導度は減少する。

中和点以降は，硫酸の電離により生じる $H^+$ と $SO_4^{2-}$ が増加するので，水溶液の電気伝導度は増加する[①]。

よって，最も適当なものは，④。

**b**　$Ba(OH)_2$ 水溶液のモル濃度を $x$ [mol/L] とすると，中和の量的関係[②]から，

$$2 \times 0.10 \,\text{mol/L} \times \underbrace{\frac{25}{1000}\text{L}}_{H_2SO_4 \text{から生じる} H^+} = 2 \times x\,[\text{mol/L}] \times \underbrace{\frac{50}{1000}\text{L}}_{Ba(OH)_2 \text{から生じる} OH^-} \quad x = 0.050 \,\text{mol/L}$$

**解答** a ④　　b ②

①硫酸の滴下量と水溶液に流れる電流の大きさの関係は，次の図のようになる。

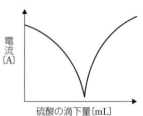

②酸と塩基が過不足なく反応するとき，次の式が成りたつ。

酸の（価数×濃度[mol/L]×体積[L]）
=塩基の（価数×濃度[mol/L]×体積[L]）

## 85. 酸と塩基 ⏱1分

A〜Dは，KOH，Ba(OH)$_2$，HCl，CH$_3$COOHのいずれかの水溶液である。各水溶液は，同数の KOH，Ba(OH)$_2$，HCl，CH$_3$COOHを溶かして同体積にしてある。次の**実験結果Ⅰ・Ⅱ**から，水溶液**A** と**B**の組合せとして正しいものを，下の①〜④のうちから一つ選べ。

<実験結果>

Ⅰ　**A**と**D**は酸性で，**A**のほうが**D**よりもpHが小さかった。また，**B**と**C**は塩基性だった。

Ⅱ　10 mLの**A**に，**B**または**C**を滴下したところ，**B**は5 mL，**C**は10 mLで中和した。

|  | A | B |
|---|---|---|
| ① | HCl | KOH |
| ② | HCl | Ba(OH)$_2$ |
| ③ | CH$_3$COOH | KOH |
| ④ | CH$_3$COOH | Ba(OH)$_2$ |

［2015 センター追試］

## 86. 身近なpH指示薬 ⏱2分

秋の日に紅子と葉子が，カエデの葉の色素について話し合っている。

紅子：このカエデの葉も赤くなったね。

葉子：カエデの赤い色を出す物質の性質を調べてみようよ。

紅子：赤いカエデの葉をメタノールに浸けたら液が赤くなったね。このメタノール溶液（**溶液A**）を，酸 性や塩基性の水溶液に加えてみようよ。

葉子：酸性の水溶液に加えたら赤い溶液（**溶液B**）になったけど，塩基性の水溶液に加えたら緑の溶液（**溶 液C**）になるね。pH指示薬と同じように色が変化しているのかな。

紅子：それなら，化学変化で色が変わったのね。

　溶液**A**〜**C**を使って，赤いカエデの葉に含まれている色素がpH指示薬の性質をもつことを確かめた い。そのための実験方法と予想される結果として最も適当なものを，次の①〜⑤のうちから一つ選べ。

① 溶液**A**を沸騰するまで加熱すると，緑色になる。

② 蒸留水に**溶液B**を加えると，緑色になる。

③ 強い塩基性の水溶液に**溶液B**を少量加えると，無色になる。

④ 強い酸性の水溶液に**溶液C**を少量加えると，赤色になる。

⑤ **溶液B**に**溶液C**を加えると，発熱する。

［2015 センター追試 改］

# 087. 酸性雨 ⏱5分

次の文章は，ある大学の教授とA君の会話の一部である。この会話文を読み，問い(問1~3)に答えよ。

教授：集中講義の課題レポートのテーマは決まったかい？

A君：はい，酸性雨と森林の関係についてまとめようと思っています。

教授：酸性雨か。河川，土壌や生態系への影響が心配されているね。酸性雨ではない雨水もいくらか酸性だけど，それはなぜかわかるかい？

A君：はい，大気中の二酸化炭素が溶けているからです。普通はpHが6.0程度で，最大で5.6程度まで下がる場合があるようです。

教授：二酸化炭素の飽和水溶液のpHだね。pHが6.0だと，水素イオン濃度はどれくらいかな？

A君：えっと，（ ア ）mol/Lですね。これくらいの濃度なら，雨に打たれてもたいした影響はない気がします。

教授：そうだね，でも通常より酸性の強い雨である酸性雨ならどうなるかな？

A君：今調べ始めたばかりですが，酸性雨は工場や自動車から排出されるガス中に含まれている硫黄酸化物などが原因だとされているようです。(a)硫黄酸化物は水と反応して硫酸になりますね。

教授：そうだね，雲の中の水滴に溶け込んで，地上に降り注ぐんだね。

A君：かなりpHは低そうですね。

教授：それはもちろん濃度によるけど，土壌が酸性化すると，影響が大きい場合にはマグネシウムやアルミニウムが溶け出すくらいだから，(b)硫酸酸性の雨のpHが5.0を下回っていることになるので，中和する必要があるね。湖沼の場合だと，pHが6.0以下でも深刻な被害を及ぼす場合もある。

A君：それは大変だ！　酸性雨を防ぐ対策はあるのでしょうか？

教授：もちろん国として施策がとられているんだけど，君はどんな方法があると思う？　最新技術によって環境汚染物質の流出を防ぐことが可能になりつつあるけど，環境保護が後手に回る場合もある。世界で足並みをそろえ，環境保護に取り組むことが課題だね。

A君：はい，世界での取り組みを調べて，レポートにまとめます！

問1　文章中の（ ア ）に入る数値を有効数字2桁で次の形式で表すとき，　1　～　3　に当てはまる数を，下の①~⑦のうちから一つずつ選べ。ただし，同じものを繰り返し選んでもよい。

$$\boxed{1}.\boxed{2}\times10^{\boxed{3}}$$

① $-6$　② $-2$　③ $-1$　④ $0$　⑤ $1$　⑥ $2$　⑦ $6$

問2　下線部(a)について，二酸化硫黄が酸化され，硫酸イオンが生じる反応は電子を含むイオン反応式で次式のように表される。　4　～　6　に当てはまる数を，下の①~⑦のうちから一つずつ選べ。ただし，同じものを繰り返し選んでもよい。

$$SO_2+\boxed{4}\ H_2O \longrightarrow SO_4^{2-}+\boxed{5}\ H^+ + \boxed{6}\ e^-$$

① 2　② 3　③ 4　④ 5　⑤ 6　⑥ 7　⑦ 8

問3　下線部(**b**)に関して，次の問いに答えよ。ただし，硫酸は2段階目まで完全に電離しているものとする。

(1)　pH5.0の硫酸水溶液中の硫酸イオンの濃度は何mol/Lか。最も適当な数値を，次の①～⑤のうちから一つ選べ。

① $1.0 \times 10^{-6}$　② $5.0 \times 10^{-6}$　③ $1.0 \times 10^{-5}$　④ $2.0 \times 10^{-5}$　⑤ $5.0 \times 10^{-5}$

(2)　pH5.0の硫酸水溶液10 mLを，$1.0 \times 10^{-4}$ mol/Lの水酸化ナトリウム水溶液で過不足なく中和したい。中和に必要な水酸化ナトリウム水溶液の体積は何mLか。最も適当な数値を，次の①～⑤のうちから一つ選べ。

① 1.0　② 2.0　③ 5.0　④ 10　⑤ 20

［2019　甲南大　改］

## ◻88.　酸性雨　⏱8分

次の文章を読み，問い（問1・2）に答えよ。H＝1.0，C＝12，N＝14，O＝16，S＝32，Ca＝40

　通常の雨のpHの値は5.6程度である。しかしながら，近年このpHの値を下回る雨，すなわち酸性雨による被害が世界各地で報告されている。このような(a)酸性雨は，おもに化石燃料の燃焼により生じた窒素酸化物や硫黄酸化物が大気中で二酸化窒素や三酸化硫黄へと変化し，それぞれが雨滴に取り込まれて生じる硝酸や硫酸が原因とされている。欧米では森林が立ち枯れしたり，土壌・河川・湖沼の酸性化によって動植物が死滅しており，人体への影響も懸念されている。日本では，欧米ほどの大きな被害は出ていないが，(b)大理石でできた彫刻や銅像といった文化財，あるいは身近なところでは繊維製品への被害が報告されてきている。

問1　下線部(a)について，ある地域の雨水はpHが3.0で，含まれる硝酸イオンと硫酸イオンの比が1：1である。この雨水1L中に含まれる硝酸の質量は何gか。最も適当な数値を，次の①～⑤のうちから一つ選べ。ただし，雨水には硝酸と硫酸のみが溶けており，いずれも完全に電離しているものとする。

① $2.1 \times 10^{-3}$　② $3.2 \times 10^{-3}$　③ $2.1 \times 10^{-2}$　④ $3.2 \times 10^{-2}$　⑤ $6.3 \times 10^{-2}$

問2　下線部(b)について，大理石の主成分である炭酸カルシウム$CaCO_3$は，水素イオン$H^+$と次のように反応する。

$$CaCO_3 + 2H^+ \longrightarrow Ca^{2+} + CO_2 + H_2O$$

同じく炭酸カルシウムを主成分とする石灰岩でできた台地 $1.0 \text{ km}^2$ にpH4.0の雨が降水量5.0 mmだけ降ったとする。このとき，この台地から溶け出す炭酸カルシウムの質量は何kgか。有効数字2桁で次の形式で表すとき，［ 1 ］・［ 2 ］に当てはまる数字を，下の①～⓪のうちから一つずつ選べ。ただし，同じものを繰り返し選んでもよい。なお，雨水に含まれる水素イオンはすべて炭酸カルシウムの溶出に使われるものとし，雨水には強酸のみが溶けており完全に電離しているものとする。また，降水量とは，降った雨水がすべて地表にたまったと仮定したときの水深を表す。

［ 1 ］［ 2 ］kg

① 1　② 2　③ 3　④ 4　⑤ 5　⑥ 6　⑦ 7　⑧ 8　⑨ 9　⓪ 0

例題　分子中の原子の酸化数　⏱4分

次の文章を読み，問い(問1・2)に答えよ。

電気陰性度は，原子が共有電子対を引きつける相対的な強さを数値で表したものである。アメリカの化学者ポーリングの定義によると，表1の値となる。

表1　ポーリングの電気陰性度

| 原　子 | H | C | O |
|---|---|---|---|
| 電気陰性度 | 2.2 | 2.6 | 3.4 |

共有結合している原子の酸化数は，電気陰性度の大きいほうの原子が共有電子対を完全に引きつけたと仮定して定められている。たとえば水分子では，図1のように❶酸素原子が矢印の方向に共有電子対を引きつけるので，酸素原子の酸化数は−2，水素原子の酸化数は＋1となる。

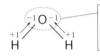

2個の水素原子から電子を1個ずつ引きつけるので，酸素原子の酸化数は−2となる。

図　1

同様に考えると，二酸化炭素分子では，図2のようになり，炭素原子の酸化数は＋4，酸素原子の酸化数は−2となる。

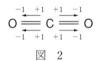

図　2

ところで，過酸化水素分子の酸素原子は，図3のように❷O−H結合において共有電子対を引きつけるが，O−O結合においては，どちらの酸素原子も共有電子対を引きつけることができない。したがって，酸素原子の酸化数はいずれも−1となる。

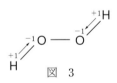

図　3

問1　$H_2O$，$H_2$，$CH_4$ の分子の形を図4に示す。これらの分子のうち，酸化数が＋1の原子を含む無極性分子はどれか。正しく選択しているものを，下の①〜⑥のうちから一つ選べ。

図　4

① $H_2O$　　② $H_2$　　③ $CH_4$　　④ $H_2O$ と $H_2$
⑤ $H_2O$ と $CH_4$　　⑥ $H_2$ と $CH_4$

❶この問題では，化合物中の酸素原子の酸化数は−2，水素原子の酸化数は＋1という数値を求めるための考え方に着目する。

❷酸化数の数値を求めるための考え方を理解すれば，例外的な扱いをする $H_2O_2$ の酸素原子の酸化数を，数値の知識がなくても導くことができる。

問2 エタノールは酒類に含まれるアルコールであり，酸化反応により構造が変化して酢酸となる。

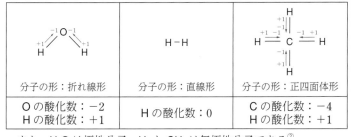

H  H   炭素原子**A**
|  |
H–C–C–O–H
|  |
H  H
エタノール

⟹

H  O   炭素原子**B**
|  ‖
H–C–C–O–H
|
H
酢酸

❸エタノール分子中の炭素原子 **A** の酸化数と，酢酸分子中の炭素原子 **B** の酸化数は，それぞれいくつか。最も適当なものを，次の①～⑨のうちから一つずつ選べ。ただし，同じものを繰り返し選んでもよい。

① +1　② +2　③ +3　④ +4　⑤ 0
⑥ −1　⑦ −2　⑧ −3　⑨ −4

[2018 試行調査]

❸酸化数の数値を求めるための考え方を利用して，有機化合物中の炭素原子の酸化数を求める。

**解説** 問1 ┌ **思考の過程 ▶** ┐ 共有結合している原子の酸化数の求め方を理解し，図4のすべての原子について酸化数を求める。また，分子の形から分子全体の極性を考える。

$H_2O$ 分子中の原子の酸化数は，図1にある通り。$H_2$ 分子では，H–H結合の電気陰性度の差がないので，どちらのH原子も共有電子対を引きつけることができず，H原子の酸化数は0①となる。$CH_4$ 分子では電気陰性度がH＜Cなので，C–H結合の共有電子対はC原子に引きつけられる。まとめると，次のようになる。

①同様の理由により，単体中の原子の酸化数を0としている。

| | | |
|---|---|---|
| $^{-1}O^{-1}$ の構造<br>$^{+1}H$   $H^{+1}$ | H–H | $H$ の構造<br>$^{+1}H \rightleftharpoons C \rightleftharpoons H^{+1}$<br>$H$ |
| 分子の形：折れ線形 | 分子の形：直線形 | 分子の形：正四面体形 |
| Oの酸化数：−2<br>Hの酸化数：+1 | Hの酸化数：0 | Cの酸化数：−4<br>Hの酸化数：+1 |

また，$H_2O$ は極性分子，$H_2$ と $CH_4$ は無極性分子である②。

よって，酸化数が+1の原子を含む無極性分子は，$\underline{CH_4}$③。

②$H_2O$ 分子はO–H結合に極性があり，分子が折れ線形をしているので，分子全体として極性がある。$CH_4$ 分子はC–H結合に極性があるが，分子が正四面体形をしているので，分子全体としては極性がない。

問2 炭素原子 **A**，**B** の酸化数をまとめると，次のようになる。

※炭素原子 **A**，**B** を中心に，そのまわりの原子を平面上に表している。

| **A** | **B** |
|---|---|
| $^{+1}H$<br>$^{-1}\|$<br>$\cdots C — \mathbf{C} \rightleftharpoons O \cdots$<br>$^{-1}\|^{+1-1}$<br>$^{+1}H$ | $O$<br>$^{-1}\|\|^{-1}$<br>$^{+1}\|^{+1}$<br>$\cdots C — \mathbf{C} \rightleftharpoons O \cdots$<br>$^{+1-1}$ |
| Cの酸化数：−1−1+1＝−1 | Cの酸化数：+1+1+1＝+3 |

よって，炭素原子 **A** の酸化数は$\underline{−1}$⑥，炭素原子 **B** の酸化数は$\underline{+3}$③。

**解答** 問1 ③　　問2 炭素原子 **A**：⑥　　炭素原子 **B**：③

## 089. COD 水質調査の実験 ⏱8分

次の文章を読み，問い(問1・2)に答えよ。

　COD(化学的酸素要求量)は，水1Lに含まれる有機化合物などを酸化するのに必要な過マンガン酸カリウム KMnO₄ の量を，酸化剤としての酸素の質量[mg]に換算したもので，水質の指標の一つである。ヤマメやイワナが生息できる渓流の水質は COD の値が 1mg/L 以下であり，きれいな水ということができる。

　COD の値は，試料水中の有機化合物と過不足なく反応する KMnO₄ の物質量から求められる。いま，有機化合物だけが溶けている無色の試料水がある。この試料水の COD の値を求めるために，次の実験操作(操作1～3)を行った。なお，操作手順の概略は図1に示してある。

**準　備**　試料水と対照実験用の純水を，それぞれ 100mL ずつコニカルビーカーにとった。

**操作1**　準備した二つのコニカルビーカーに硫酸を加えて酸性にした後，両方に物質量 $n_1$[mol]の KMnO₄ を含む水溶液を加えて振り混ぜ，沸騰水につけて30分間加熱した。これにより，試料水中の有機化合物を酸化した。加熱後の水溶液には，未反応の KMnO₄ が残っていた。なお，この加熱により KMnO₄ は分解しなかったものとする。

**操作2**　二つのコニカルビーカーを沸騰水から取り出し，両方に還元剤として同量のシュウ酸ナトリウム Na₂C₂O₄ 水溶液を加えて振り混ぜた。加えた Na₂C₂O₄ と過不足なく反応する KMnO₄ の物質量を $n_2$[mol]とする。反応後の水溶液には，未反応の Na₂C₂O₄ が残っていた。

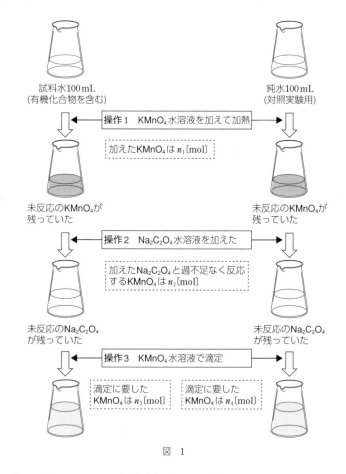

図　1

**操作3**　コニカルビーカーの温度を 50～60℃ に保ち，KMnO₄ 水溶液を用いて，残っていた Na₂C₂O₄ を滴定した。滴定で加えた KMnO₄ の物質量は，試料水では $n_3$[mol]，純水では $n_4$[mol]だった。

問1 次の文章を読み，問い(**a・b**)に答えよ。

　　この試料水中の有機化合物と過不足なく反応する $KMnO_4$ の物質量 $n$[mol]を求めたい。

　　操作1〜3で，試料水と純水のそれぞれにおいて，加えた $KMnO_4$ の物質量の総量と消費された $KMnO_4$ の物質量の総量は等しい。このことから導かれる式を $n$，$n_1$，$n_2$，$n_3$，$n_4$ のうちから必要なものを用いて表すと，試料水では [ 1 ]，純水では [ 2 ] となる。これら二つの式から，$n =$ [ 3 ] となる。

**a** [ 1 ]・[ 2 ] に当てはまる式として最も適当なものを，次の①〜⑥のうちから一つずつ選べ。

① $n_1 + n_2 = n + n_3$ 　　② $n_2 + n_3 = n + n_1$ 　　③ $n_1 + n_3 = n + n_2$

④ $n_1 + n_2 = n_4$ 　　⑤ $n_2 + n_4 = n_1$ 　　⑥ $n_1 + n_4 = n_2$

**b** [ 3 ] に当てはまる式として最も適当なものを，次の①〜⑤のうちから一つ選べ。

① $n_3 - n_4$ 　　② $n_1 + n_3 - n_4$ 　　③ $n_2 + n_3 - n_4$ 　　④ $n_1 + n_2 + n_3 - n_4$ 　　⑤ $n_1 - n_2 + n_3 - n_4$

問2 次の文章中の [ 4 ] 〜 [ 6 ] に当てはまる数字を，下の①〜⓪のうちから一つずつ選べ。ただし，同じものを繰り返し選んでもよい。O＝16

　　過マンガン酸イオン $MnO_4^-$ と酸素 $O_2$ は，酸性溶液中で次のように酸化剤としてはたらく。

$$MnO_4^- + 8H^+ + 5e^- \longrightarrow Mn^{2+} + 4H_2O$$

$$O_2 + 4H^+ + 4e^- \longrightarrow 2H_2O$$

したがって，$KMnO_4$ 4mol は，酸化剤としての $O_2$ [ 4 ] mol に相当する。

　　この試料水 100mL 中の有機化合物と過不足なく反応する $KMnO_4$ の物質量 $n$ は $2.0 \times 10^{-5}$ mol であった。試料水 1.0L に含まれる有機化合物を酸化するのに必要な $KMnO_4$ の量を，$O_2$ の質量[mg]に換算して COD の値を求めると，[ 5 ].[ 6 ] mg/L になる。

① 1 　② 2 　③ 3 　④ 4 　⑤ 5 　⑥ 6 　⑦ 7 　⑧ 8 　⑨ 9 　⓪ 0

［2017 試行調査 改］

## ⬛**90.** アルミ缶の再生 ⏱3分

アルミニウムに関する次の文章を読み，問いに答えよ。

先生：単体のアルミニウムは，ボーキサイトから得られる酸化アルミニウムを溶融塩電解することにより製造されています。

リカ：アルミニウムを製造するにはどれぐらいの電力量が必要ですか。

先生：ボーキサイトからアルミニウム 1kg を製造するには 20kWh の電力量が必要だそうです。でも，回収したアルミ缶から再生すれば，その電力量の3％ですみます。化石燃料 1kg の燃焼により 3.3kWh の電力量が得られるとすると，アルミ缶から再生すれば，アルミニウム 1kg を製造するのに，化石燃料の消費量を何 kg 減らすことができますか。

リカ：[ ア ] kg 減らすことができます。

先生：そのとおりです。

問　文章中の空欄 [ ア ] に入る数値として最も適当なものを，次の①〜⑥のうちから一つ選べ。

① 0.6 　② 5.9 　③ 19 　④ 21 　⑤ 64 　⑥ 66

［2008 センター本試］

初　版
第 1 刷　2020 年 3 月 1 日発行
第 2 刷　2022 年 3 月 1 日発行

カテゴリー別
大学入学共通テスト対策問題集
**化学基礎**

◆編集協力者　菊地　陽子
◆編集協力　　（株）エディット

ISBN978-4-410-13661-0

編　者　数研出版編集部
発行者　星野　泰也
発行所　**数研出版株式会社**
　　　　〒 101-0052　東京都千代田区神田小川町 2 丁目 3 番地 3
　　　　　〔振替〕00140-4-118431
　　　　〒 604-0861　京都市中京区烏丸通竹屋町上る大倉町 205 番地
　　　　　〔電話〕代表（075）231-0161
ホームページ　https://www.chart.co.jp
印刷　太洋社

220102

# 数研 Library －数研の教材をスマホ・タブレットで学習－

「数研 Library」では，化学基礎の基礎知識を確認することができます (無料)。
本書籍とあわせてご利用いただくと，より高い学習効果が期待できます。

**Android 版は Google Play より**

アプリについてより詳しくは
数研出版スマホサイトへ！
(数研 Library 紹介ページへ)

■入手方法
① アプリストアより「数研 Library」を
  インストールし，アプリを起動する。
② 「My 本棚」画面下の「コンテンツを探す」を押す。
③ 「カテゴリー別大学入学共通テスト対策問題集 化学基礎 基礎知識確認
  カード」を選択し，「本棚に追加」を押す。

〔問題〕

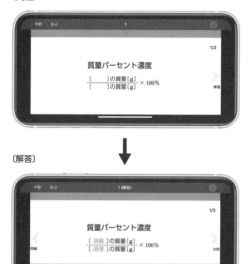

〔解答〕

**動作環境**
・iOS 版　　：iOS 8.0 以降。iPhone，iPad に対応。
・Android 版　：Android 4.1 以降。Android OS 搭載スマートフォンに対応(一部端末では正常に動作しないことがあります)。
その他
・記載の内容は予告なく変更になる場合があります。
・本アプリはネットワーク接続が必要となります(ダウンロード済みの学習コンテンツ利用はネットワークオフラインでも可能)。ネットワーク接
　続に際し発生する通信料はお客様のご負担となります。
・Apple，Apple ロゴ，iPhone，iPad は米国その他の国で登録された Apple Inc. の商標です。App Store は Apple Inc. のサービスマークです。
・Android，Google Play は，Google Inc. の商標です。

# 実験器具と実験操作

## ガスバーナーの使い方

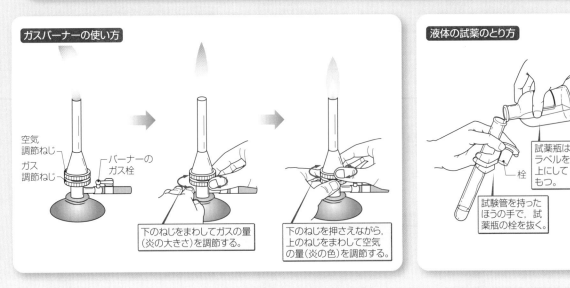

空気調節ねじ
ガス調節ねじ
バーナーのガス栓

下のねじをまわしてガスの量（炎の大きさ）を調節する。

下のねじを押さえながら，上のねじをまわして空気の量（炎の色）を調節する。

## 液体の試薬のとり方

試薬瓶はラベルを上にしてもつ。

栓

試験管を持ったほうの手で，試薬瓶の栓を抜く。

## 物質の分離 〈ろ過〉

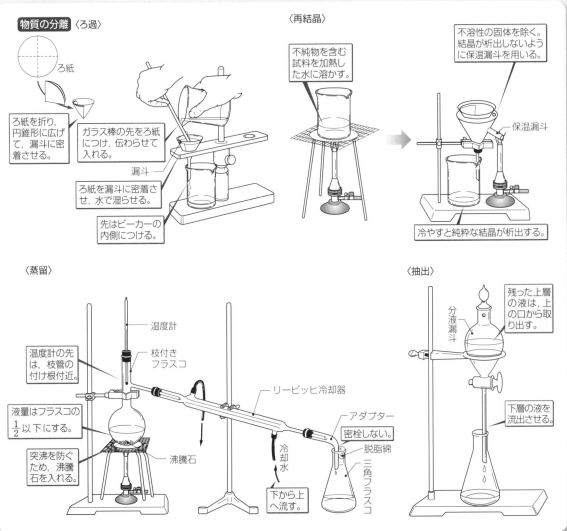

ろ紙

ろ紙を折り，円錐形に広げて，漏斗に密着させる。

ガラス棒の先をろ紙につけ，伝わらせて入れる。

漏斗

ろ紙を漏斗に密着させ，水で湿らせる。

先はビーカーの内側につける。

### 〈再結晶〉

不純物を含む試料を加熱した水に溶かす。

不溶性の固体を除く。結晶が析出しないように保温漏斗を用いる。

保温漏斗

冷やすと純粋な結晶が析出する。

### 〈蒸留〉

温度計

温度計の先は，枝管の付け根付近。

枝付きフラスコ

液量はフラスコの$\frac{1}{2}$以下にする。

突沸を防ぐため，沸騰石を入れる。

沸騰石

リービッヒ冷却器

アダプター
密栓しない。

冷却水

下から上へ流す。

脱脂綿

三角フラスコ

### 〈抽出〉

残った上層の液は，上の口から取り出す。

分液漏斗

下層の液を流出させる。

カテゴリー別 大学入学共通テスト対策問題集

# 化学基礎

<解答編>

数研出版
https://www.chart.co.jp

## I　知識確認の問題

### 001　a ②　　b ③

**解説**　単体は1種類の元素でできている物質，化合物は2種類以上の元素でできている物質である。また，純物質は1種類の単体または化合物だけからなる物質，混合物は2種類以上の純物質が混じりあった物質である。

① ダイヤモンドと黒鉛[①]は，ともに炭素Cからなる単体である。

② 塩素$Cl_2$は単体，塩化ナトリウムNaClは化合物である。

③ 塩化水素HClは純物質(化合物)，塩酸HCl[②]は塩化水素と水の混合物(塩化水素が水に溶けた水溶液)である。

④ メタン$CH_4$とエタン$C_2H_6$は，ともに炭素Cと水素Hからなる化合物である。

⑤ 希硫酸は硫酸$H_2SO_4$と水の混合物，アンモニア水はアンモニア$NH_3$と水の混合物である。

よって，**a**(単体と化合物)に当てはまるものは②，**b**(純物質と混合物)に当てはまるものは③である。

物質 { 純物質 { 単体 / 化合物 } / 混合物 }

①ダイヤモンドと黒鉛は，互いに炭素の同素体である。

②塩酸も塩化水素も，同じようにHClの化学式で表される。

### 002　⑤

**解説**　×⑤酸素には同素体が存在しない。

　→酸素Oの同素体には，酸素$O_2$とオゾン$O_3$がある。

よって，誤りを含むものは，⑤。

**知識の確認　同素体の例**

| 元　素 | 同素体 | 性　質 |
|---|---|---|
| 炭素C | ダイヤモンド | 電気を導かない |
| | 黒　鉛 | 電気を導く |
| 酸素O | 酸　素 | 無色・無臭 |
| | オゾン | 淡青色・特異臭 |
| リンP | 黄リン | 空気中で自然発火するので，水中で保存する |
| | 赤リン | 化学的に安定である |
| 硫黄S | 斜方硫黄 | 常温で安定である |
| | 単斜硫黄 | 常温で放置すると斜方硫黄になる |
| | ゴム状硫黄 | ゴムに似た弾性をもつ |

### 003　④

**解説**　加熱により，水の状態変化が起こる。水は，**AB**間では固体，**CD**間では液体，**EF**間では気体として存在している。また，選択肢の記述について，**ア**は液体$_{CD間}$，**イ**は気体$_{EF間}$，**ウ**は固体$_{AB間}$の分子の様子を説明している。

よって，組合せとして正しいものは，④。

**004** ④

解説 物質の変化には，物理変化と化学変化がある。

① 氷砂糖[①]を水に入れると，少しずつ溶けて小さくなる。溶解は物理変化である。

② やかんで水を加熱すると気体の水蒸気に変化する。やかんの外に出た水蒸気が空気によって冷やされて小さな水滴となったものが湯気である。これらの状態変化[②]は物理変化である。

③ ドライアイスは二酸化炭素 $CO_2$ の固体で，室温では昇華により気体の $CO_2$ となる。この状態変化は物理変化である。

④ 貝殻の主成分は炭酸カルシウム $CaCO_3$ で，希塩酸に入れておくと反応が起こり，気体の $CO_2$ が発生する[③]。

$$CaCO_3 + 2\,HCl \longrightarrow CaCl_2 + H_2O + CO_2 \uparrow$$

この反応により $CaCO_3$ が別の物質に変わるので，化学変化である。

よって，下線部が化学変化によるものは，④。

①氷砂糖は糖の大きな結晶である。

②固体・液体・気体の三態間の変化を**状態変化**という。

水 $\xrightarrow{\text{蒸発}}$ 水蒸気

水蒸気 $\xrightarrow{\text{凝縮}}$ 水

ドライアイス $\xrightarrow{\text{昇華}}$ 気体の二酸化炭素

③弱酸の塩 ＋ 強酸

　　　　　 $\longrightarrow$ 強酸の塩 ＋ 弱酸

**005** ア ⑥　　イ ③

解説 実験Ⅰより，アの固体は水に溶けやすい[①]ことがわかる。

実験Ⅱでアの水溶液は炎色反応により黄色を示したので，アはナトリウム Na を含む。また，硝酸銀 $AgNO_3$ 水溶液を加えると塩化銀 AgCl の沈殿を生じたことから，アは塩素 Cl を含む。よって，アは塩化ナトリウム[⑥]である。

実験Ⅲでイの固体は水に溶けにくいので，イは炭酸カルシウム $CaCO_3$ か硫酸バリウム $BaSO_4$ であることがわかる。これらのうち，$CaCO_3$ は塩酸 HCl を加えると溶けて気体の二酸化炭素 $CO_2$ を発生する。よって，イは炭酸カルシウム[③]である。

①選択肢の中で水に溶けやすいのは，① 硝酸カリウム $KNO_3$，② 硝酸ナトリウム $NaNO_3$，⑤ 塩化カリウム KCl，⑥ 塩化ナトリウム NaCl の四つである。

**006** ④

解説 ✕④ $^7_3Li$ がもつ中性子の数は**3 個**である。

→$^7_3Li$ は原子番号（＝陽子の数）が 3，質量数が 7 である。したがって，中性子の数[①]は，7－3＝4 (個) である。

よって，誤りを含むものは，④。

①中性子の数＝質量数－陽子の数

知識の確認 **原子の構成**

(例)炭素の場合

質量数 → $^{12}$

原子番号→ $_6$ C

原子番号＝陽子の数＝電子の数　　質量数＝陽子の数＋中性子の数

**007** ②

解説 **ウ**と**オ**は 陽子の数＝電子の数 であるから原子，**エ**と**カ**は 陽子の数＞電子の数 であるから陽イオン，**ア**と**イ**は 陽子の数＜電子の数 であるから陰イオンである。

陰イオンのうち，**ア**の質量数[①]は 16＋18＝34，**イ**の質量数は 17＋18＝35 である。

よって，陰イオンのうち質量数が最も大きいものは，**イ**[②]。

①質量数＝陽子の数＋中性子の数

**008** ②

**解説** 同じ元素の原子で，中性子の数が異なる原子どうしを，互いに**同位体**であるという。同位体どうしは，質量は異なるが，化学的性質はほぼ同じである。

✕②互いに同位体である原子は，電子の数が異なる。

　→原子は，陽子の数と電子の数が等しい。同位体である原子どうしは陽子の数が等しいので，電子の数も等しい。

よって，誤りを含むものは，②。

**009** ②

**解説** 最も外側の電子殻（最外電子殻）の電子を**最外殻電子**という。

　最外殻電子の数は，次の通りである。

○① H は K 殻に 1 個，Li は L 殻に 1 個。

✕② He は K 殻に 2 個，Ne は L 殻に 8 個。

○③ O は L 殻に 6 個，S は M 殻に 6 個。

○④ Ar は M 殻に 8 個，$K^+$ は M 殻に 8 個。

○⑤ $F^-$ は L 殻に 8 個，$Na^+$ は L 殻に 8 個。

○⑥ $S^{2-}$ は M 殻に 8 個，$Cl^-$ は M 殻に 8 個。

よって，最外殻電子の数が同じでない組合せは，②。

**010** ③

**解説** ホウ素 B は原子番号が 5 であるから，原子核中の陽子の数は 5，電子の数も 5 である。電子殻[1]の K 殻には電子が最大で 2 個入り，L 殻には電子が最大で 8 個入ることから，ホウ素原子では電子 5 個が K 殻に 2 個，L 殻に 3 個入る。

よって，ホウ素原子の電子配置の模式図として適当なものは，③。

[1] K 殻，L 殻，M 殻の順に電子が入る。

K 殻：2 個
L 殻：8 個 ──原子核
M 殻：18 個

**011** ⑤

**解説** ○⑤ Na 原子が電子を 1 個放出してできる $Na^+$ の電子配置は，K 殻に 2 個，L 殻に 8 個であり，Ne と同じである[1]。Ar の電子配置とは異なる。

よって，電子配置が互いに異なるものは，⑤。

[1] $Na^+$ と Ne の電子の配置は次の通り。

ナトリウムイオン$Na^+$　　ネオン原子Ne

**012** ⑤

**解説** ✕⑤ 2 族元素の原子の 2 価の陽イオンは，同一周期の貴ガスと同じ電子配置である。

　→2 族元素の原子が電子を 2 個放出してできる 2 価の陽イオンの電子配置は，一つ上の周期の貴ガスと同じになる[1]。

よって，誤りを含むものは，⑤。

[1] 例えば，第 3 周期の 2 族元素である Mg 原子が電子を 2 個放出すると，$Mg^{2+}$ になる。$Mg^{2+}$ の電子配置は，第 2 周期の貴ガスである Ne 原子と同じになる。

**013** ④

**解説** ✕ ④ 典型元素は，すべて非金属元素である。
→典型元素は，周期表の 1，2 族と 12〜18 族の元素で，金属元素
　と非金属元素が含まれている①。
よって，誤りを含むものは，④。

① 典型元素には金属元素と非金属元素が含まれているが，遷移元素はすべて金属元素である。

**014** **a** ①　**b** ①

**解説** **a** ① HCl は，H と Cl が共有結合してできている。
よって，イオン結合を含まないものは，①。

┌─────────────────────────────────────┐
│ 知識の確認 **結合の種類**
│ イオン結合：金属元素の原子が陽イオン，非金属元素の原子が陰イオンとなり静電気力によって結びつく。
│ 共有結合：非金属元素の原子どうしが電子対を共有することで結びつく。
│ 配位結合：原子が非共有電子対をイオンと共有することで結びつく。
│ 金属結合：金属元素の原子どうしが自由電子によって結びつく。
└─────────────────────────────────────┘

**b** ① 二酸化ケイ素 $SiO_2$①の結晶は，Si と O の共有結合が立体的に
繰り返されてできた共有結合結晶である。
よって，イオン結晶でないものは，①。

① $SiO_2$ の結晶の構造は，次の図のようにダイヤモンドに似ている。$SiO_2$ は硬くて融点が高い。

二酸化ケイ素$SiO_2$　　ダイヤモンドC

┌─────────────────────────────────────┐
│ 知識の確認 **結晶の種類**
│ イオン結晶：陽イオンと陰イオンがイオン結合してできた結晶。
│ 共有結合結晶：多数の原子が共有結合してできた結晶。
│ 分子結晶：分子どうしが分子間力で引きあってできた結晶。
│ 金属結晶：金属元素の原子が金属結合してできた結晶。
└─────────────────────────────────────┘

**015** **a** ②　**b** ⑤　**c** ①

**解説** **a** パンケーキなどの材料として使われるベーキングパウダー（ふくらし粉）には，主成分として炭酸水素ナトリウム①
$NaHCO_3$ が含まれている。$NaHCO_3$ の水溶液は塩基性を示す。
よって，**a** に当てはまるものは，②。
**b** 胃の X 線（レントゲン）検査用の造影剤として使われる硫酸バリウム②$BaSO_4$ は，水にも塩酸にも溶けにくい物質である。
よって，**b** に当てはまるものは，⑤。
**c** 塩化カルシウム $CaCl_2$ は乾燥剤として広く利用されている。
$CaCl_2$ の水溶液は中性を示すため，気体の乾燥では酸性の気体にも
塩基性の気体にも利用することができる。
よって，**c** に当てはまるものは，①。

① 炭酸水素ナトリウムの熱分解
$$2\,NaHCO_3 \longrightarrow Na_2CO_3 + H_2O + CO_2$$
加熱すると分解して二酸化炭素を発生するので，ふくらし粉として利用される。

② 硫酸バリウムは水とも塩酸とも反応しない安定な物質で，人体への害が少ない。

┌─────────────────────────────────────────────────────────┐
│ 知識の確認 **イオンからなる身のまわりの物質の例**
│ ●塩化ナトリウム NaCl：食塩　　　　　　　●塩化マグネシウム $MgCl_2$：にがり
│ ●塩化カルシウム $CaCl_2$：乾燥剤，凍結防止剤　●炭酸水素ナトリウム $NaHCO_3$：ベーキングパウダー，入浴剤
│ ●炭酸カルシウム $CaCO_3$：チョーク，貝がら，卵の殻　●硫酸バリウム $BaSO_4$：X 線撮影の造影剤
└─────────────────────────────────────────────────────────┘

**016** a ③　b ①

**解説** a　①〜⑥の分子について，構造式と結合の種類をまとめると，次のようになる。

| | 構造式 | 結合の種類 |
|---|---|---|
| ① $O_2$ | O = O | 二重結合のみ |
| ② $I_2$ | I – I | 単結合のみ |
| ③ $N_2$ | N ≡ N | 三重結合のみ |
| ④ $CO_2$ | O = C = O | 二重結合のみ |
| ⑤ $H_2O$ | H – O – H | 単結合のみ |
| ⑥ $C_2H_4$ | $\begin{array}{c} H \\ \diagdown \\ C = C \\ \diagup \end{array}$ | 単結合と二重結合① |

よって，三重結合をもつ分子は，③。

b　① ダイヤモンドは，C 原子が 4 個の価電子を使って他の C 原子と三次元的に共有結合してできた共有結合結晶である。ケイ素 Si も，ダイヤモンドと同様の立体構造をした共有結合結晶である。
② ドライアイスは二酸化炭素 $CO_2$ の固体で，$CO_2$ 分子が分子間力で引きあってできた分子結晶である。ヨウ素 $I_2$ の固体も，$I_2$ 分子からなる分子結晶である。
③ 塩化アンモニウム $NH_4Cl$ は $NH_4^+$ と $Cl^-$ からなるイオン結晶である。氷は水 $H_2O$ の固体で，$H_2O$ 分子が分子間力で引きあってできた分子結晶である。
④ 銅 Cu とアルミニウム Al は，ともに金属元素の原子が自由電子によって結合してできた金属結晶である。
⑤ 酸化カルシウム CaO は $Ca^{2+}$ と $O^{2-}$ から，硫酸カルシウム $CaSO_4$ は $Ca^{2+}$ と $SO_4^{2-}$ からなるイオン結晶である。
よって，共有結合結晶であるものの組合せは，①。

① $C_2H_4$ のような代表的な有機化合物の構造式は覚えておく。
● $CH_4$ （メタン）
$$H - \overset{\displaystyle H}{\underset{\displaystyle H}{C}} - H$$
● $C_2H_6$ （エタン）
$$H - \overset{\displaystyle H}{\underset{\displaystyle H}{C}} - \overset{\displaystyle H}{\underset{\displaystyle H}{C}} - H$$
● $C_2H_4$ （エチレン）
$$\overset{\displaystyle H}{\underset{\displaystyle H}{}} C = C \overset{\displaystyle H}{\underset{\displaystyle H}{}}$$
● $C_2H_2$ （アセチレン）
$$H - C \equiv C - H$$

**017** a ④　b ①

**解説** ①〜⑥の分子やイオンについて，電子式，非共有電子対の数，共有電子対の数をまとめると，次のようになる①。なお，電子式の ⌒ は非共有電子対を示している。

①共有電子対は共有結合をつくっている電子対，非共有電子対は共有結合には使われていない電子対のことである。

H : Cl̈ ：共有電子対　⦂非共有電子対

| | 電子式 | 非共有電子対の数 | 共有電子対の数 |
|---|---|---|---|
| ① | H : Ö : H | 2 | 2 |
| ② | [ Ö : H ]⁻ | 3 | 1 |
| ③ | H : N̈ : H（下に H） | 1 | 3 |
| ④ | [ H : N̈ : H（上下に H） ]⁺ | 0 | 4 |
| ⑤ | H : Cl̈ | 3 | 1 |
| ⑥ | Cl̈ : Cl̈ | 6 | 1 |

**a** 非共有電子対が存在しないものは，**④**。

**b** 共有電子対が 2 組だけ存在するものは，**①**。

**018** **①**

**解説** 無極性分子とは，分子全体として極性がない分子[①]のことである。

**〇①** C と O の共有結合には極性があるが，分子が直線形であるから極性が打ち消されて，分子全体として無極性分子となる。

**✕③** $CH_4$ は正四面体形で無極性分子となるが，$CH_3Cl$ は極性が打ち消されないので，分子全体として極性分子となる。

**✕④** $H_2O$ は折れ線形であるから極性が打ち消されず，分子全体として極性分子となる。

①~⑤の分子について，分子の形と極性をまとめると，次のようになる。なお，矢印は共有結合の極性を示している。

①2 個の原子からなる分子の場合，$H_2$ のように共有結合に極性がない分子は無極性分子である。3 個以上の原子からなる分子では，分子の形によって極性の有無が変わる。

|  | 分子の形 | 分子の極性 |
|---|---|---|
| ① | O←C→O 直線形 | 無極性分子 |
| ② | H→F | 極性分子 |
| ③ | H H C H Cl 四面体形 | 極性分子 |
| ④ | O H H 折れ線形 | 極性分子 |
| ⑤ | H→C→N 直線形 | 極性分子 |

よって，無極性分子であるものは，**①**。

**知識の確認** **無極性分子と極性分子**

| 無極性分子 | 同種の原子からなる二原子分子や，全体として正・負の電荷の重心が一致する分子では極性がない。<br><br>H—H　　$\overset{\delta-}{O}=\overset{\delta+}{C}=\overset{\delta-}{O}$　　$H(\delta+)$ $H(\delta+)$ C $H(\delta+)$ $H(\delta+)$<br><br>直線形　　　直線形　　　正四面体形 |
|---|---|
| 極性分子 | 分子全体として正・負の電荷の重心が一致しない分子は極性がある。<br><br>$\overset{\delta+}{H}—\overset{\delta-}{Cl}$　　$\overset{\delta-}{O}$ $\overset{\delta+}{H}$ $\overset{\delta+}{H}$　　$\overset{\delta-}{N}$ $\overset{\delta+}{H}$ $\overset{\delta+}{H}$ $\overset{\delta+}{H}$<br><br>直線形　　　折れ線形　　　三角錐形 |

**019** (1) 物質：②，共通する特徴：⑨ (2) 物質：④，共通する特徴：⑥

解説 常温・常圧下において，グループ A の物質はすべて気体，グ
ループ B の物質はすべて固体である。

(1) それぞれの特徴は，次の通り。

(○：当てはまる，×：当てはまらない)

| | ①NH₃ | ②Cl₂ | ③H₂S | ④H₂ | ⑤O₂ |
|---|---|---|---|---|---|
| ⑥気体である | ○ | ○ | ○ | ○ | ○ |
| ⑦特有のにおいがある | ○ | ○ | ○ | × | × |
| ⑧水に多量に溶ける① | ○ | × | × | × | × |
| ⑨無色である | ○ | × | ○ | ○ | ○ |

① ②塩素と③硫化水素は，水に少し溶ける。

よって，共通した特徴をもたない物質は塩素②であり，四つの物
質に共通する特徴は，「無色である⑨」。

(2) グループ B の特徴は，すべて物質を構成する粒子間の結合に
関するものである。①～⑤の物質のうち，①二酸化ケイ素 SiO₂，
②ケイ素 Si，③ダイヤモンド C，⑤黒鉛 C は共有結合結晶であり，
④カルシウム Ca のみ，金属結晶である。

よって，共通した特徴をもたない物質はカルシウム④であり，四
つの物質に共通する特徴は，「共有電子対がある⑥」。

**020** ⑥

解説 ×⑥極性分子は分子結晶にならない。

→分子結晶①には，極性分子からなるものと無極性分子からなる
ものがある。

よって，誤りを含むものは，⑥。

①分子結晶になる分子
極性分子：H₂O，NH₃ など
無極性分子：CO₂，CH₄ など

**021** ⑥

解説 a 銅は電気や熱をよく伝えるので，電線や導線，調理器具
などに使われている。

b 鉄の生産量は圧倒的に多く，機械や建築材料，鉄道のレールな
どに使われている。

c アルミニウムは軽く，内部がさびにくいという特徴があり，飲料
用缶やサッシ(窓枠)，建築材料，一円硬貨などに使われている。

よって，組合せとして最も適当なものは，⑥。

**022** ⑤

解説 原子量①は，それぞれの同位体の相対質量と存在比から計算
した平均の値である。$^{69}$Ga(相対質量 68.9)の存在比を $x$[%]とする
と，$^{71}$Ga (相対質量 70.9)の存在比は$(100-x)$[%]と表される。ガ
リウム Ga の原子量は 69.7 であるから，

$$68.9 \times \frac{x}{100} + 70.9 \times \frac{100-x}{100} = 69.7 \qquad x = 60(\%)⑤$$

①原子量は各同位体の相対質量と存在比を
使って，次のように計算できる。
Ga の原子量
＝$^{69}$Ga の相対質量×$^{69}$Ga の存在比
＋$^{71}$Ga の相対質量×$^{71}$Ga の存在比

**023** ⑤

**解説** 酸化ニッケル（Ⅱ）NiO（式量 75）の物質量[1]は，

$$\frac{1.5\,g}{75\,g/mol}=0.020\,mol$$

合金中のすべての Ni を NiO として得たので，合金に含まれる Ni の物質量も 0.020 mol。合金に含まれる Ni（式量 59）の質量は，

　59 g/mol×0.020 mol＝1.18 g

よって，合金 6.0 g に Ni が 1.18 g 含まれるので，合金中の Ni の含有率（質量パーセント[2]）は，

$$\frac{1.18\,g}{6.0\,g}\times100=19.6\cdots(\%)≒\underline{20\,(\%)}_{⑤}$$

①物質量[mol]＝$\dfrac{質量[g]}{モル質量[g/mol]}$

②質量パーセント(%)＝

$\dfrac{Ni\,の質量[g]}{合金の質量[g]}\times100$

**024** ①

**解説** アボガドロ定数[1]を $N_A$[/mol] として各物質に含まれる下線部の粒子の数を表すと，次のようになる。

① 標準状態のアンモニア $NH_3$ 22.4 L の物質量は 1 mol である[2]。$NH_3$ 1 mol に含まれる H 原子の物質量は 3 mol であるから，H 原子の数は，

　$N_A$[/mol]×3 mol＝$\underline{3N_A}$

② メタノール $CH_3OH$ 1 mol に含まれる O 原子の物質量は 1 mol であるから，O 原子の数は，

　$N_A$[/mol]×1 mol＝$\underline{N_A}$

③ ヘリウム He 1 mol に含まれる He 原子の数は $N_A$[個] である。He 原子 1 個に含まれる電子の数は 2 個[3]であるから，He 原子 $N_A$[個] に含まれる電子の数は，

　$N_A$×2＝$\underline{2N_A}$

④ 1 mol/L の塩化カルシウム $CaCl_2$ 水溶液 1 L は，その水溶液中に $CaCl_2$ を 1 mol 含んでいる。$CaCl_2$ 1 mol が電離することにより塩化物イオン $Cl^-$ が 2 mol 生じる[4]ことから，$Cl^-$ の数は，

　$N_A$[/mol]×2 mol＝$\underline{2N_A}$

よって，下線部の数値が最も大きいものは，①。

① 1 mol 当たりの粒子の数をいい，$N_A$ で表す。

② 標準状態（0℃，$1.013\times10^5$ Pa）において，すべての気体の体積は 1 mol 当たり 22.4 L である。

③ 原子に含まれる電子の数
　　　　　　＝陽子の数＝原子番号

④ $CaCl_2 \longrightarrow Ca^{2+}+2\,Cl^-$

**025** ⑤

**解説** 金属 M のモル質量[1]を求める。

M 原子 $8.3\times10^{22}$ 個の物質量[2]は，

$$\frac{8.3\times10^{22}}{6.0\times10^{23}/mol}=\frac{83}{600}\,mol$$

金属 M の単体 1.0 cm³ の質量は，密度が 7.2 g/cm³ であるから 7.2 g である。したがって，金属 M のモル質量[3]は，

$$\frac{7.2\,g}{\dfrac{83}{600}\,mol}=52.0\cdots g/mol≒52\,g/mol$$

よって，金属 M の原子量は $\underline{52}_{⑤}$ である。

①物質を構成する粒子 1 mol 当たりの質量。

②物質量[mol]＝$\dfrac{粒子の数}{6.0\times10^{23}/mol}$

③モル質量[g/mol]＝$\dfrac{質量[g]}{物質量[mol]}$

**026** ①

解説 水酸化ナトリウム NaOH は $Na^+$ と $OH^-$，炭酸ナトリウム $Na_2CO_3$ は $Na^+$ と $CO_3^{2-}$ からなり，混合物中の $CO_3^{2-}$ の物質量は $Na_2CO_3$ の物質量と等しい。混合物中の $Na_2CO_3$（式量106）0.050 mol の質量①は，

$$106\,g/mol \times 0.050\,mol = 5.3\,g$$

したがって，混合物 9.3 g 中に含まれる NaOH の質量は，

$$9.3\,g - 5.3\,g = \underline{4.0\,g}_①$$

①質量[g]＝
モル質量[g/mol]×物質量[mol]

**027** ④

解説 0℃，$1.013 \times 10^5$ Pa の塩化水素 HCl 560 mL の物質量①は，

$$\frac{0.560\,L}{22.4\,L/mol} = 2.50 \times 10^{-2}\,mol$$

HCl $2.50 \times 10^{-2}$ mol を純水に溶かして塩酸 50 mL をつくったので，塩酸のモル濃度②は，

$$\frac{2.50 \times 10^{-2}\,mol}{0.050\,L} = \underline{0.50\,mol/L}_④$$

①物質量[mol]＝$\dfrac{気体の体積[L]}{22.4\,L/mol}$

②モル濃度[mol/L]＝
$\dfrac{溶質の物質量[mol]}{溶液の体積[L]}$

**028** ⑤

解説 硫酸 1 L の質量は，$d\,[g/cm^3] \times 1000\,cm^3 = 1000\,d\,[g]$

これに含まれる溶質（硫酸）の質量は，

$$1000\,d\,[g] \times \frac{a}{100} = 10ad\,[g]$$

よって，硫酸 1 L に含まれる溶質（硫酸）（分子量 $M$）の物質量①は，

$$\frac{10ad\,[g]}{M\,[g/mol]} = \underline{\frac{10ad}{M}}_⑤\,[mol]②$$

①物質量[mol]＝$\dfrac{質量[g]}{モル質量[g/mol]}$

②溶液 1 L 中に含まれる溶質の物質量なので，モル濃度[mol/L]の数値と等しい。

**029** ④

解説 硫酸銅(Ⅱ)五水和物 $CuSO_4 \cdot 5H_2O$（式量250）50 g の物質量①は，

$$\frac{50\,g}{250\,g/mol} = 0.20\,mol$$

$CuSO_4 \cdot 5H_2O$ の物質量とその中に含まれる $CuSO_4$ の物質量は等しいので，溶質として扱う $CuSO_4$ の物質量も 0.20 mol である。

よって，$CuSO_4$ 水溶液 500 mL のモル濃度②は，

$$\frac{0.20\,mol}{0.500\,L} = \underline{0.40\,mol/L}_④$$

①物質量[mol]＝$\dfrac{質量[g]}{モル質量[g/mol]}$

②モル濃度[mol/L]＝
$\dfrac{溶質の物質量[mol]}{溶液の体積[L]}$

**030** ①

解説 グラフより，硝酸カリウムは，30℃の水 100 g に 40 g まで溶ける。したがって，60℃の水 100 g に硝酸カリウムを 90.5 g 溶かしたものを，30℃に冷却すると，硝酸カリウムは，$90.5 - 40 = \underline{50.5}\,(g)$ 析出する。

この硝酸カリウム $KNO_3$（式量101）の物質量は，

$$\frac{50.5\,\text{g}}{101\,\text{g/mol}} = \underline{0.50}\,\text{mol}$$

よって、組合せとして正しいものは、①。

**031** ③

解説 問題文では次のように化学反応式が与えられている。

$$a\,\text{CH}_4 + b\,\text{H}_2\text{O} \longrightarrow c\,\text{H}_2 + d\,\text{CO}_2$$

$\text{CH}_4$ の係数 $a$ を1とすると、左辺に C が1個あるので、$\text{CO}_2$ の係数 $d=1$ となる[①]。

次に、O が右辺に2個あることから、$\text{H}_2\text{O}$ の係数 $b=2$ となる[②]。

さらに、H が左辺に $4a+2b=8$（個）、右辺に $2c$（個）あることから、$2c=8$　したがって、$\text{H}_2$ の係数 $c=4$ となる[③]。

よって、係数の組合せとして正しいものは、③。

① $\boxed{1}\,\underline{\text{CH}_4} + b\,\text{H}_2\text{O} \longrightarrow c\,\text{H}_2 + \boxed{1}\,\underline{\text{CO}_2}$

② $\text{CH}_4 + \boxed{2}\,\underline{\text{H}_2\text{O}} \longrightarrow c\,\text{H}_2 + \underline{\text{CO}_2}$

③ $\text{CH}_{\underline{4}} + 2\,\underline{\text{H}}_2\text{O} \longrightarrow \boxed{4}\,\text{H}_2 + \text{CO}_2$

**032** ⑤

解説 単体 M が燃焼して酸化物 MO が生成する反応は、次のように表される。

$$2\,\text{M} + \text{O}_2 \longrightarrow 2\,\text{MO}$$

M のモル質量を $x$ [g/mol] とすると、MO のモル質量は $(x+16)$ [g/mol] となる。反応する単体 M の物質量と生成する MO の物質量は等しいので、

$$\frac{1.30\,\text{g}}{x\,[\text{g/mol}]} = \frac{1.62\,\text{g}}{(x+16)\,[\text{g/mol}]} \qquad x=65\,\text{g/mol}$$

よって、M の原子量は $\underline{65}_{⑤}$ である。

**033** ③

解説 窒素 $\text{N}_2$ と水素 $\text{H}_2$ が反応するとアンモニア $\text{NH}_3$ ができる。

$$\text{N}_2 + 3\,\text{H}_2 \longrightarrow 2\,\text{NH}_3$$

$\text{N}_2$ の 25.0 % が $\text{NH}_3$ に変化したので、$\text{N}_2$ は、

$$1.00\,\text{mol} \times \frac{25.0}{100} = 0.25\,\text{mol}$$

反応したことがわかる。したがって、この反応の量的関係は、次のようになる。

|  | $\text{N}_2$ | $+$ | $3\,\text{H}_2$ | $\longrightarrow$ | $2\,\text{NH}_3$ |  |
|---|---|---|---|---|---|---|
| （反応前） | 1.00 |  | 3.00 |  | 0 | (mol) |
| （変化量） | $-0.25$ |  | $-0.75$ |  | $+0.50$ | (mol) |
| （反応後） | 0.75 |  | 2.25 |  | 0.50 | (mol) |

反応前の混合気体の総物質量　$1.00+3.00=4.00$（mol）

反応後の混合気体の総物質量　$0.75+2.25+0.50=3.50$（mol）

したがって、反応の前後で混合気体の総物質量は、$4.00-3.50=0.50$（mol）減少することがわかる。

よって、混合気体の体積[①]は、$22.4\,\text{L/mol} \times 0.50\,\text{mol} = \underline{11.2\,\text{L}}$ 減少する。[③]

①気体の体積[L] = $22.4\,\text{L/mol} \times$ 物質量[mol]

**034**　③

**解説**　ブレンステッド・ローリーの定義より，酸は $H^+$ を他に与える物質であり，塩基は $H^+$ を他から受け取る物質である。
ア　$H_2O$ は，$NH_3$ に $H^+$ を与えたので酸である。
イ　$NH_3$ は，$HCl$ から $H^+$ を受け取ったので塩基である。
ウ　$H_2O$ は，$HSO_4^-$ から $H^+$ を受け取ったので塩基である。
エ　$HCO_3^-$ は，$OH^-$ に $H^+$ を与えたので酸である。
オ　$HCO_3^-$ は，$HCl$ から $H^+$ を受け取ったので塩基である。
よって，下線をつけた物質が酸としてはたらいているものは，<u>ア，エ</u>③。

**035**　②

**解説**　酢酸 $CH_3COOH$ は水溶液中で次のように電離している。
　　　$CH_3COOH \rightleftharpoons CH_3COO^- + H^+$
　$0.10\,mol/L$ の $CH_3COOH$ 水溶液 $1.0\,L$ には $CH_3COOH$ が $0.10\,mol$
溶けている。酢酸の電離度① が $1.6 \times 10^{-2}$ であるので，電離している $CH_3COOH$ の物質量は，
　　　$0.10\,mol \times 1.6 \times 10^{-2} = 1.6 \times 10^{-3}\,mol$
　電離する $CH_3COOH$ の物質量と，電離により生じる $CH_3COO^-$ の物質量は等しいから，生じた $CH_3COO^-$ の数② は，
　　　$6.0 \times 10^{23}/mol \times 1.6 \times 10^{-3}\,mol = \underline{9.6 \times 10^{20}}$②

①酢酸の電離度は，溶けている酢酸の物質量に対する電離している酢酸の物質量の割合である。

②粒子の数 $= 6.0 \times 10^{23}/mol \times$ 物質量[mol]

**036**　②

**解説**　二酸化炭素 $CO_2$ が血液に溶けると，問題文中に与えられた反応式のように水素イオン <u>$H^+$</u>ア が生じるので，血液中の水素イオン濃度は大きくなる。水素イオン濃度が大きくなるほど，pH の値は小さくなるので，血液の pH は <u>低く</u>イ なる。
よって，組合せとして正しいものは，②。

┌─────────────────────────────────┐
│ 知識の確認　**水素イオン濃度 $[H^+]$ と pH の関係**
│ $[H^+] = 1 \times 10^{-n}\,mol/L$ のとき，$pH = n$
└─────────────────────────────────┘

**037**　③

**解説**　✗③ $0.010\,mol/L$ の塩酸と $0.010\,mol/L$ の硫酸の水素イオン濃度は <u>等しい</u>。
　→塩酸は 1 価の強酸で，硫酸は 2 価の強酸であるから，同じモル濃度で比べると，硫酸の水素イオン濃度は塩酸よりも大きい。

**038**　①

**解説**　水溶液 A のモル濃度は，$5.0 \times 10^{-2}\,mol/L$ の塩酸を 5 倍に希釈したので，$1.0 \times 10^{-2}\,mol/L$ である。塩化水素は水溶液中で完全に電離しているので，水素イオン濃度 $[H^+]$ は $1.0 \times 10^{-2}\,mol/L$ であるから，水溶液 A の pH は 2 となる。

水溶液 B は pH＝1 の塩酸を水で 1000 倍に希釈したことから，pH は 4 となる。

よって，記述として最も適当なものは，①。

**039** ①

**解説** 酸の水溶液の濃度を $c'$〔mol/L〕とすると，中和の量的関係より，次の関係が成りたつ。

$$\underbrace{n \times c'\text{〔mol/L〕} \times \frac{x}{1000}\text{〔L〕}}_{\text{酸から生じる H}^+} = \underbrace{m \times c\text{〔mol/L〕} \times \frac{y}{1000}\text{〔L〕}}_{\text{塩基から生じる OH}^-}$$

$$c' = \underline{\frac{cmy}{nx}}_{\textcircled{\scriptsize 0}}\text{〔mol/L〕}$$

┌─────────────────────────────────────────────┐
**知識の確認** **中和の量的関係**

酸の（価数 $a$×濃度 $c$〔mol/L〕×体積 $V$〔L〕）＝塩基の（価数 $b$×濃度 $c'$〔mol/L〕×体積 $V'$〔L〕）　（$acV = bc'V'$）
└─────────────────────────────────────────────┘

**040** ④

**解説** シュウ酸 $H_2C_2O_4$ は 2 価の酸，水酸化ナトリウム NaOH は 1 価の塩基である。0.10 mol/L の $H_2C_2O_4$ 水溶液 10 mL と過不足なく中和する 0.10 mol/L の NaOH 水溶液の体積を $V$〔mL〕とすると，

$$\underbrace{2 \times 0.10\text{ mol/L} \times \frac{10}{1000}\text{ L}}_{\text{H}_2\text{C}_2\text{O}_4 \text{ から生じる H}^+} = \underbrace{1 \times 0.10\text{ mol/L} \times \frac{V}{1000}\text{〔L〕}}_{\text{NaOH から生じる OH}^-}$$

$$V = 20\text{ mL}$$

したがって，NaOH 水溶液を 20 mL 加えたところが中和点となり，中和点付近で pH が酸性側から塩基性側に大きく変化する。指示薬としてフェノールフタレインを用いると，中和点付近で水溶液の色が無色から赤色に変化する。

よって，最も適当なものは，④。

**041** ⑥

**解説** 水酸化ナトリウム水溶液 1.0 mL と酢酸 0.0060 g がちょうど中和するので，**操作3**で，中和点までに加えた水酸化ナトリウム水溶液の体積を $V$〔mL〕とすると，次の関係が成りたつ。

$$0.0060\text{ g} : 1.0\text{ mL} = 10\text{ g} \times \frac{4.2}{100} \times \frac{20\text{ mL}}{100\text{ mL}} : V\text{〔mL〕} \qquad V = \underline{14\text{ mL}}_{\textcircled{\scriptsize 6}}$$

**042** ④

**解説** ✕④B は 2 価の酸である。

→B を $a$ 価の酸とすると，0.10 mol/L の 1 価の塩基 A 10 mL と 0.20 mol/L の酸 B 5.0 mL が過不足なく中和したことから，

$$\underbrace{a \times 0.20\text{ mol/L} \times \frac{5.0}{1000}\text{ L}}_{\text{酸 B から生じる H}^+} = \underbrace{1 \times 0.10\text{ mol/L} \times \frac{10}{1000}\text{ L}}_{\text{塩基 A から生じる OH}^-} \qquad a = 1$$

したがって，B は 1 価の酸である。

よって，誤りを含むものは，④。

**043** a ⑦　b ①

**解説** ア～カはすべて正塩①である。各水溶液の性質は次の通り。　　①酸の H も塩基の OH も残っていない塩。

| 塩 | もとの酸 | | もとの塩基 | | 水溶液の性質 |
|---|---|---|---|---|---|
| ア $CH_3COONa$ | $CH_3COOH$ | 弱酸 | NaOH | 強塩基 | 塩基性 |
| イ KCl | HCl | 強酸 | KOH | 強塩基 | 中　性 |
| ウ $Na_2CO_3$ | $H_2CO_3$ | 弱酸 | NaOH | 強塩基 | 塩基性 |
| エ $NH_4Cl$ | HCl | 強酸 | $NH_3$ | 弱塩基 | 酸　性 |
| オ $CaCl_2$ | HCl | 強酸 | $Ca(OH)_2$ | 強塩基 | 中　性 |
| カ $(NH_4)_2SO_4$ | $H_2SO_4$ | 強酸 | $NH_3$ | 弱塩基 | 酸　性 |

よって，**a** 水溶液が酸性を示すものは，<u>エとカ</u>⑦，**b** 水溶液が塩基性を示すものは，<u>アとウ</u>①。

> 知識の確認 **塩の水溶液の性質**
> ・強酸と強塩基の正塩 → 中性　　・強酸と弱塩基の正塩 → 酸性　　・弱酸と強塩基の正塩 → 塩基性

**044** ②

**解説** 塩化アンモニウム $NH_4Cl$ は弱塩基の塩，水酸化ナトリウム NaOH は強塩基であるから，これらを反応させると弱塩基であるアンモニア $NH_3$ が遊離する。

$$\underset{\text{弱塩基の塩}}{NH_4Cl} + \underset{\text{強塩基}}{NaOH} \longrightarrow \underset{\text{強塩基の塩}}{NaCl} + \underset{\text{弱塩基}}{NH_3} + H_2O$$

1 mol の $NH_4Cl$（式量 53.5）から 1 mol の $NH_3$（分子量 17）が生じる①ので，得られる $NH_3$ の質量は，

$$100\,g \times \frac{5.35}{100} \times \frac{17}{53.5} = \underline{1.7\,g}②$$

① $NH_3$ は水に非常に溶けやすいが，問題文中に「すべてのアンモニウムイオンを気体のアンモニアとして回収できたとする」とあるので，本問では水に溶けないと考えてよい。

> 知識の確認 **弱酸・弱塩基の遊離**
> 弱酸の塩 ＋ 強酸 ⟶ 弱酸 ＋ 強酸の塩
> 弱塩基の塩 ＋ 強塩基 ⟶ 弱塩基 ＋ 強塩基の塩

**045** ①

**解説** ✕① 酸化還元反応では，必ず<u>酸素原子または水素原子が関与</u>する。

→例えば，ヨウ化カリウム KI と塩素 $Cl_2$ からヨウ素 $I_2$ と塩化カリウム KCl が生成する反応は，酸化還元反応であるが酸素原子や水素原子は関与しない。

$$2KI + Cl_2 \longrightarrow I_2 + 2KCl$$

よって，誤りを含むものは，①。

> 知識の確認 **酸化・還元の定義**
>
> | | 酸　素 | 水　素 | 電　子 |
> |---|---|---|---|
> | 酸化される | 化合する | 失　う | 失　う |
> | 還元される | 失　う | 化合する | 受け取る |

**046** ①

解説 ①N の酸化数は，+5 → +2 となり，3 減少した。
②O の酸化数は，−1 → 0 となり，1 増加した。
③H の酸化数は，+1 → 0 となり，1 減少した。
④C の酸化数は，+4 のまま変化しなかった①。
よって，下線を付した原子の酸化数が 3 減少した化学反応は，①。

①反応の前後でどの原子も酸化数が変化しないので，④は酸化還元反応ではない。

**047** ①

解説 還元剤は，酸化還元反応で自身は酸化される。よって，還元剤としてはたらく物質は，反応の前後で酸化数の増加する原子を含んでいる。

①H$_2$O$_2$ は反応する相手によって酸化剤にも，還元剤にもなる。

$$\mathbf{a}\ \ 2\,\underset{-1}{\mathrm{KI}}\ +\ \mathrm{H_2O_2}\ +\ \mathrm{H_2SO_4}\ \longrightarrow\ \underset{0}{\mathrm{I_2}}\ +\ \mathrm{K_2SO_4}\ +\ 2\,\underset{-2}{\mathrm{H_2O}}$$

酸化数減少 ⟶ H$_2$O$_2$ は酸化剤①
酸化数増加 ⟶ KI は還元剤

$$\mathbf{b}\ \ \underset{+4}{\mathrm{SO_2}}\ +\ \mathrm{H_2O_2}\ \longrightarrow\ \underset{+6}{\mathrm{H_2SO_4}}$$

酸化数減少 ⟶ H$_2$O$_2$ は酸化剤
酸化数増加 ⟶ SO$_2$ は還元剤

よって，還元剤の組合せとして最も適当なものは，①。

知識の確認 **酸化剤と還元剤**

|  | 相手の物質を | 自身は | 酸化数 |
|---|---|---|---|
| 酸化剤 | 酸化する | 還元される | 減少する原子を含む |
| 還元剤 | 還元する | 酸化される | 増加する原子を含む |

**048** ⑥

解説 問題文で与えられた式は次の通りである。
$$\mathrm{MnO_4^-} + a\,\mathrm{H_2O} + b\,\mathrm{e^-} \longrightarrow \mathrm{MnO_2} + 2a\,\mathrm{OH^-} \quad \cdots\cdots(\mathrm{i})$$
$$\mathrm{MnO_4^-} + c\,\mathrm{M^{2+}} + a\,\mathrm{H_2O} \longrightarrow \mathrm{MnO_2} + c\,\mathrm{M^{3+}} + 2a\,\mathrm{OH^-} \quad \cdots\cdots(\mathrm{ii})$$
(i)式の O の数に着目すると，
　$4+a=2+2a$　　$a=2$
(i)式の電荷の総和に着目すると，
　$-1-b=-2a$　　$a=2$ より，$b=\underline{3}$
(ii)式の電荷の総和に着目すると，
　$-1+2c=3c-2a$　　$a=2$ より，$c=\underline{3}$
よって，係数 $b$ と $c$ の組合せとして正しいものは，⑥。

**049** ④

解説 問題文で与えられた式は次の通りである。
$$\mathrm{H_2O_2} \longrightarrow \mathrm{O_2} + 2\,\mathrm{H^+} + 2\,\mathrm{e^-} \quad \cdots\cdots(\mathrm{i})$$
$$\mathrm{MnO_4^-} + 8\,\mathrm{H^+} + 5\,\mathrm{e^-} \longrightarrow \mathrm{Mn^{2+}} + 4\,\mathrm{H_2O} \quad \cdots\cdots(\mathrm{ii})$$
(i)式×5+(ii)式×2 より，
$$5\,\mathrm{H_2O_2} + 2\,\mathrm{MnO_4^-} + 6\,\mathrm{H^+} \longrightarrow 5\,\mathrm{O_2} + 2\,\mathrm{Mn^{2+}} + 8\,\mathrm{H_2O}$$

したがって，$H_2O_2$ 5 mol は $KMnO_4$ 2 mol と反応する。過酸化水素水のモル濃度を $c$[mol/L]とすると，

$$\underbrace{c\,[\text{mol/L}]\times\frac{10.0}{1000}\,\text{L}\times\frac{2}{5}}_{H_2O_2\,\text{の物質量}}=\underbrace{0.0500\,\text{mol/L}\times\frac{20.0}{1000}\,\text{L}}_{KMnO_4\,\text{の物質量}}$$

$c=\underline{0.250\,\text{mol/L}}_{\text{④}}$

別解 酸化剤と還元剤が過不足なく反応したとき，

**酸化剤が受け取る電子の物質量＝還元剤が失う電子の物質量**

が成りたつことから，過酸化水素水のモル濃度を $c$[mol/L]とすると，

$$\underbrace{0.0500\,\text{mol/L}\times\frac{20.0}{1000}\,\text{L}\times5}_{KMnO_4\,\text{が受け取る電子の物質量}}=\underbrace{c\,[\text{mol/L}]\times\frac{10.0}{1000}\,\text{L}\times2}_{H_2O_2\,\text{が失う電子の物質量}}$$

$c=\underline{0.250\,\text{mol/L}}_{\text{④}}$

## 050 ②

解説 問題文で与えられた式は次の通りである。

$$MnO_4{}^- + 8H^+ + 5e^- \longrightarrow Mn^{2+} + 4H_2O$$
$$Cr_2O_7{}^{2-} + 14H^+ + 6e^- \longrightarrow 2Cr^{3+} + 7H_2O$$

2種類の酸化剤が受け取った電子の物質量は等しいから，

$$\underbrace{0.020\,\text{mol/L}\times\frac{x}{1000}\,[\text{L}]\times5}_{KMnO_4\,\text{の物質量}}=\underbrace{0.010\,\text{mol/L}\times\frac{y}{1000}\,[\text{L}]\times6}_{K_2Cr_2O_7\,\text{の物質量}}$$

$\dfrac{x}{y}=\underline{0.60}_{\text{②}}$

## 051 ①

解説 ✕①銀は，希硫酸と<u>反応して水素を発生する。</u>
　→銀はイオン化傾向が水素より小さいので，希硫酸とは反応しない[①]。

よって，誤りを含むものは，①。

[①]酸化力のある硝酸，熱濃硫酸とは反応して，水素以外の気体を発生する。

## 052 ②

解説 ✕②塩化マグネシウム水溶液に鉄を浸すと<u>マグネシウムが析出する。</u>
　→イオン化傾向の大きさは $Mg > Fe$ であるから，塩化マグネシウム水溶液に鉄を浸しても変化は起こらない。

よって，誤りを含むものは，②。

## 053 ④

解説 イオン化傾向の大きさは $Zn > Ag$ であるから，硝酸銀水溶液に亜鉛板を浸すと銀が析出する。

$$2Ag^+ + Zn \longrightarrow 2Ag + Zn^{2+}$$

$Zn$（式量 65）1 mol が溶解すると $Ag$（式量 108）2 mol が析出するので，析出した $Ag$ の質量を $x$[g]とすると，

$$\frac{(3.0-1.7)\,\text{g}}{65\,\text{g/mol}}\times2=\frac{x\,[\text{g}]}{108\,\text{g/mol}}\qquad x=4.32\,\text{g}\fallingdotseq\underline{4.3\,\text{g}}_{\text{④}}$$

**054** ⑥

**解説** 金属 A の板を $Cu^{2+}$，$Pb^{2+}$，$Sn^{2+}$ を含む水溶液にそれぞれ浸すと金属が析出したことから，イオン化傾向は金属 A > Cu，金属A > Pb，金属 A > Sn である。したがって，金属 A は Au，Cu，Zn のうちの Zn と決まる。

　金属 B の板を $Ag^+$ を含む水溶液に浸すと金属が析出したことから，イオン化傾向は金属 B > Ag である。また，金属 B の板を $Pb^{2+}$，$Sn^{2+}$ を含む水溶液にそれぞれ浸しても金属は析出しなかったことから，イオン化傾向は Pb >金属 B，Sn >金属 B である。したがって，金属 B は Au，Cu，Zn のうちの Cu と決まる。

よって，A と B の組合せとして最も適当なものは，⑥。

**055** ②，④

**解説** ✕② 電解質水溶液に，電極としてイオン化傾向の異なる 2 種類の金属板を浸し，導線で結ぶと，<u>各電極で酸化反応が起こり</u>，電流が流れる。

　→電池の負極では酸化反応が起こり，正極では還元反応が起こる。

✕④ 鉛蓄電池は代表的な二次電池で，<u>燃料電池も二次電池に分類される</u>。

　→燃料電池は，一次電池にも二次電池にも分類されない[①]。

よって，誤りを含むものは，② と ④。

> **知識の確認 電池のしくみ**
> |負極| 導線に向かって電子が流れ出る電極 → 酸化反応が起こる電極
> |正極| 導線から電子が流れ込む電極 → 還元反応が起こる電極

[①]燃料電池は，水素が燃焼する反応を利用した電池である。
　　$2H_2 + O_2 \longrightarrow 2H_2O$
燃料電池を充電することはできないが，燃料の水素を供給することで継続して電気を取り出すことができる。

**056** ④

**解説 A** 金のようにイオン化傾向が<u>小さい</u>ア金属は，空気中で酸化されにくい。

**B** 鋼は，銑鉄より炭素の含有量が<u>小さく</u>イ，硬くて弾性がある。

**C** アルミニウムは，密度が鉄より<u>小さく</u>ウ，軽いので，窓枠や乗り物の構造材料として利用されている。

よって，語の組合せとして最も適当なものは，④。

> **知識の確認 鉄の製錬**
> 鉄鉱石($Fe_2O_3$ など)，コークス，石灰石
> ↓
> |溶鉱炉|(高炉)| 鉄鉱石が一酸化炭素によって還元される
> $Fe_2O_3 + 3CO \longrightarrow 2Fe + 3CO_2$
> ↓
> 銑鉄[①](炭素を約 4 %含み，硬くてもろい)
> ↓
> |転　炉| 酸素を吹き込み，余分な炭素を燃焼させる
> $C + O_2 \longrightarrow CO_2$
> ↓
> 鋼[②](炭素を 2～0.02 %含み，硬くて弾性がある)

[①]銑鉄はエンジンやマンホールのふたなどの鋳物に利用されている。

[②]鋼は建築物や車両などの構造材料に利用されている。

Ⅱ　実験操作の問題

**057** 問1　⑤　　問2　③　　問3　③

**解説**

問1

思考の過程▶ **実験1**と**実験2**の結果のみから水溶液を識別できる。→**実験1**と**実験2**の結果の組合せが他と異なる。

　水溶液A，B，C，Fは，**実験1**および**実験2**の結果の組合せが他と異なるので，識別できる。逆に，**実験1**と**実験2**の結果が両方とも同じである水溶液DとEは，互いに識別できない。

よって，識別できるものは，水溶液A，B，C，F⑤。

問2　水溶液Eは，塩基性でなく（**実験1**），加熱すると溶質が水と一緒に蒸発する物質であり（**実験2**），水溶液が電気を通さないことから溶質が非電解質である（**実験3**）。水溶液のうち，溶質が非電解質であるものはエタノール水溶液と砂糖水であり，**実験2**で何も残らなかった①ことから，水溶液Eはエタノール水溶液③と決まる。

　なお，他の水溶液は，次のように識別できる。

水溶液A…塩基性で，加熱すると白色の物質が残る。
　　　　　　　→水酸化ナトリウム水溶液

水溶液B…塩基性でなく，加熱すると白色の物質が残る。
　　　　　　　→塩化ナトリウム水溶液

水溶液C…塩基性でなく，加熱すると茶褐色の物質②が残る。
　　　　　　　→砂糖水

水溶液F…塩基性で，加熱すると何も残らない。
　　　　　　　→アンモニア水

水溶液D…塩基性でなく，加熱すると何も残らず，電気を通す。
　　　　　　　→希塩酸

①エタノールの沸点は78℃であるから，エタノールは加熱により水と一緒に蒸発する。

②砂糖は有機物であるから，加熱によりこげて炭になる。

知識の確認　**酸と塩基の判別**

酸と塩基を判別する方法として指示薬を用いると，次のような色の変化が見られる。

| | 酸 | 塩　基 |
|---|---|---|
| BTB溶液 | 緑色 → 黄色 | 緑色 → 青色 |
| リトマス紙 | 青色 → 赤色 | 赤色 → 青色 |
| メチルオレンジ | 橙黄色 → 赤色 | — |
| フェノールフタレイン | — | 無色 → 赤色 |

問3　それぞれの方法で識別できる物質は，次の通り。

①水酸化ナトリウム水溶液（水溶液A）と塩化ナトリウム水溶液（水溶液B）。水溶液を白金線の先につけ，ガスバーナーの無色の炎（外炎）に入れ，炎の色を観察すると，Naによる黄色の炎色反応が見られる。

②塩化ナトリウム水溶液（水溶液B），希塩酸（水溶液D），水酸化ナトリウム水溶液（水溶液A）およびアンモニア水（水溶液F）。水溶液BとDは，塩化物イオン $Cl^-$ が硝酸銀水溶液中の銀イオン $Ag^+$ と反応して，塩化銀 $AgCl$ の白色沈殿を生じる。水溶液Aと

Fは，水酸化物イオン OH⁻ が銀イオン Ag⁺ と反応して，酸化銀 Ag₂O の褐色沈殿を生じる③。

③ 希塩酸(水溶液 D)。水溶液 A～F のうち，青色リトマス紙の色を赤色に変化させるものは，酸性の水溶液である希塩酸のみである。

④ 識別できる水溶液は，水溶液 A～F のうちには存在しない。二酸化炭素を通じて白色沈殿が見られる水溶液は石灰水(水酸化カルシウム水溶液)である④。

よって，一つのみを識別できるものは，③。

③ Ag₂O を生じる反応は，次のイオン反応式で表される。

$$2Ag^+ + 2OH^- \longrightarrow Ag_2O\downarrow + H_2O$$

④ 石灰水に二酸化炭素を通じて生じる白色沈殿は炭酸カルシウム CaCO₃ である。この反応は次のように表される。

$$Ca(OH)_2 + CO_2 \longrightarrow CaCO_3\downarrow + H_2O$$

> 知識の確認 **成分元素の検出**
>
> ●炎色反応…ナトリウム，カルシウム，銅などの元素を含んだ化合物やその水溶液を炎の中に入れると，それぞれの元素に特有の色を示す。
>
> | 元　素 | リチウム Li | ナトリウム Na | カリウム K | カルシウム Ca | ストロンチウム Sr | バリウム Ba | 銅 Cu |
> |---|---|---|---|---|---|---|---|
> | 炎の色 | 赤色 | 黄色 | 赤紫色 | 橙赤色 | 紅色 | 黄緑色 | 青緑色 |
>
> ●沈殿反応…特定の水溶液を加えることにより，特有の沈殿を生じる反応。
>
> 　例　食塩水に硝酸銀 AgNO₃ 水溶液を加えると，水溶液中に白色の沈殿 AgCl を生じる。このことから，食塩水に塩素 Cl が含まれていることがわかる。

**058** 問1 ③　　問2 ④　　問3 ②　　問4 ③　　問5 ②

**解説** 問1　実験の操作の意味は，次の通り。

【操作】(1)～(3)：水への溶解性を利用して分離している。不溶物にはシリカゲル①と炭酸カルシウム，ろ液には塩化ナトリウムが含まれる。

【操作】(4)：不溶物(シリカゲルと炭酸カルシウム)に塩酸を加えると，炭酸カルシウムのみが反応して溶ける(問2)。

【操作】(5)：【操作】(4)の反応後，ろ過により分離している。不溶物はシリカゲル，ろ液は「塩化カルシウムを含む塩酸」であり，カルシウムイオン Ca²⁺ が存在する。→炎色反応は橙赤色 問5イ

【操作】(6)：【操作】(5)の不溶物はシリカゲルであり，水に溶けない。→炎色反応は無色 問5ウ

【操作】(7), (8)：【操作】(1)のろ液に含まれる塩化ナトリウムを取り出し，水溶液の炎色反応を調べている。→炎色反応はナトリウムイオン Na⁺ の黄色 問5エ

① シリカゲルは多孔性の固体である。表面に親水性の -OH の構造があるので，水蒸気を吸着する力が強く，脱臭剤・乾燥剤などに用いられる。

以上より，A は塩化ナトリウム，B はシリカゲルである。

よって，組合せとして正しいものは，**③**。

問2　炭酸カルシウム $CaCO_3$ に塩酸を加えると，次の反応が起こる。
$$CaCO_3 + 2HCl \longrightarrow CaCl_2 + H_2O + CO_2$$
よって，発生する気体は，$\underline{CO_2}_{④}$。

問3　へこみのある管 P に固体の$\underline{不溶物}_C$を，へこみのない管 Q に液体の$\underline{塩酸}_D$を入れ，$\underline{管 Q から管 P}_E$へ少しずつ塩酸を移して気体を発生させる$^{①}$。塩酸をへこみのない管 Q へ戻すと，不溶物がへこみに引っかかり，反応を止めることができる。

よって，組合せとして正しいものは，**②**。

問4　〇①漏斗の足をビーカーの内側に密着させる$^{②}$のは，ろ過速度を大きくするためでもある。

〇②不溶物にろ液が付着していると，分離できたとはいえない。不溶物を水洗いして，以降の操作に影響を与えないようにする。

✕③【操作】⑷で石灰水がすぐに白濁しない理由は，石灰水と気体の反応がゆっくり進むからである。

→石灰水がすぐに白濁しない理由は，反応で発生した気体により，最初はふたまた試験管内の空気が追い出されるからである。発生した二酸化炭素が気体誘導管を通って出てくると，石灰水はすみやかに白濁する。

〇④炎色反応を確認する際は，白金線に，ほかの元素を含む物質などがついていないことを確かめておく。

よって，誤りを含むものは，**③**。

問5　問1の解説より，【操作】⑸，⑹，⑻で観察される炎色反応は，それぞれ$\underline{橙赤色}_イ$，$\underline{無色}_ウ$，$\underline{黄色}_エ$である。

よって，色の組合せとして正しいものは，**②**。

①ふたまた試験管は，固体試薬と液体試薬から少量の気体を発生させるときに用いる。

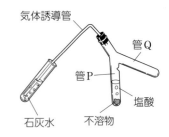

②ろ過は，次の図のように行う。

**知識の確認 混合物の分離・精製**

| ろ 過 | 液体中の浮遊物・沈殿物を分離する操作<br>例 砂が混ざった塩化ナトリウム水溶液から，砂を取り除く。 |
|---|---|
| 蒸 留 | 液体を加熱して気体にした後，冷却して再び液体にして分離・精製する操作<br>例 塩化ナトリウム水溶液から，純水な水を得る。 |
| 分 留 | 液体の混合物を，沸点の違いを利用して各成分に分離する操作<br>例 石油(原油)から，ガソリンや灯油などを分離する。 |
| 再結晶 | 水などに溶ける結晶の量が，温度によって異なることを利用して精製する方法<br>例 少量の硫酸銅(Ⅱ)が混ざっている硝酸カリウムから，硝酸カリウムだけを取り出す。 |
| 抽 出 | 溶媒に対する溶解度の差を利用し，目的とする物質を溶解して分離する操作<br>例 茶葉から，味や香り成分をお湯に溶かし出す。 |
| 昇 華<br>(昇華法) | 固体が直接気体になることを利用して分離・精製する方法<br>例 砂が混ざったヨウ素から，ヨウ素だけを得る。 |
| クロマトグラフィー | 物質の吸着力の違いを利用して分離する方法<br>例 インクに含まれるさまざまな色素を分離する。 |

**059** 問1 ②，⑥　問2 ⑦　問3 1 ③　2 ⓪　3 ③

**解説** 問1 〇①有機物を加熱し，水に溶けない炭にしている。

**✕ ②操作1**で用いるガスバーナーは，<u>ガス調節ねじと空気調節ね</u>
<u>じを開けてから</u>点火する。

→ガスバーナーに点火する際は，まず，ガス調節ねじと空気調節
ねじが閉じていることを確認して，バーナーのガス栓を開ける。
その後，先に着火器を点火してから，ガス調節ねじだけを開け
て点火する[①]。

**〇 ③操作2**で蒸発皿に水を加えると，炭に含まれる食塩が水に溶け，
炭は水に溶けずに残る。これは，食塩が水に溶けることを利用し
て，食塩を抽出する操作である。

**〇 ④**ろ過を行うときは，溶液をこぼさないように注ぐため，ガラ
ス棒に伝わらせるようにする。

**〇 ⑤操作3**では，しょうゆに含まれる食塩の量を測定したいので，
水の蒸発が不十分だと測定値に水の質量が含まれてしまい，食塩
だけの質量を測定することができない。

**✕ ⑥**実験を数回行うことで上手にできるようになるので，結果の
解析には<u>3回目の測定値を用いる</u>。

→同じ実験操作を複数回行うと，手際よく進められるようになる
が，3回目の測定が正確であるとは限らない。このため，結果
の解析には，複数回の実験の測定値の平均を用いるようにする。

よって，誤りを含むものは，**②**，**⑥**。

**問2**　実験に用いたしょうゆの質量は 5.0 g である。濃口しょうゆ
に含まれる食塩の質量パーセント濃度[②]は，

$$\frac{0.78\,\text{g}}{5.0\,\text{g}}\times100=15.6\fallingdotseq\underline{16(\%)}_{\text{ア}}$$

また，薄口しょうゆに含まれる食塩の質量パーセント濃度は，

$$\frac{0.86\,\text{g}}{5.0\,\text{g}}\times100=17.2(\%)$$

したがって，食塩の質量パーセント濃度が高いものは，<u>薄口しょ</u>
<u>うゆ</u>ィである。

よって，組合せとして正しいものは，**⑦**。

**問3**　┄┄┄┄┄┄┄┄┄┄┄┄┄┄┄┄┄┄┄┄┄┄┄┄┄┄┄
**思考の過程▶** しょうゆに含まれる食塩（NaCl）と硝酸銀 $AgNO_3$
の反応を化学反応式で表し，生じた塩化銀 AgCl と NaCl の量
的関係から，NaCl の物質量を求める。
┄┄┄┄┄┄┄┄┄┄┄┄┄┄┄┄┄┄┄┄┄┄┄┄┄┄┄┄┄

しょうゆ 1.0 g に十分な量の硝酸銀水溶液を加えると，食塩に含
まれる塩化物イオン $Cl^-$ と硝酸銀に含まれる銀イオン $Ag^+$ が反応し
て，塩化銀 AgCl の沈殿ができる。これを化学反応式で表すと，次
のようになる。

$$NaCl + AgNO_3 \longrightarrow NaNO_3 + AgCl$$

よって，しょうゆ 1.0 g に含まれる食塩 NaCl の物質量[③]は，生じ
た塩化銀 AgCl（式量 143.5）の物質量と等しいので，

$$\frac{0.43\,\text{g}}{143.5\,\text{g/mol}}=0.00299\cdots\ \text{mol}\fallingdotseq\underline{3.0}\times10^{-3}\ \text{mol}$$

①点火してガスの量（炎の大きさ）を調節し
た後，空気調節ねじを開けて，空気の量
（炎の色）を調節する。

空気調節ねじ
バーナーのガス栓
ガス調節ねじ

Ⅱ<br>実験操作の問題

②溶液の質量に対する溶質の質量の割合を，
パーセント（%）で表した濃度。
質量パーセント濃度＝
$$\frac{溶質の質量[\text{g}]}{溶液の質量[\text{g}]}\times100$$

③物質量[mol]＝$\dfrac{質量[\text{g}]}{モル質量[\text{g/mol}]}$

**060** 問1　④　　問2　④

**解説** 問1　酸と塩基が過不足なく中和するとき，次の関係が成り
たつ。

酸の（価数×濃度〔mol/L〕×体積〔L〕）
　　＝塩基の（価数×濃度〔mol/L〕×体積〔L〕）

したがって，試料を$x$倍に希釈したとすると，次の式が成りたつ。

$$1×3\,mol/L×\frac{1}{x}×\frac{10}{1000}\,L=1×0.1\,mol/L×\frac{15}{1000}\,L$$

　　　　塩化水素から生じる H⁺　　　水酸化ナトリウムから生じる OH⁻

　　$x=20$

よって，最も適当なものは，④。

問2　✗①ホールピペットが水でぬれていると，希釈溶液をはかり
取ったときに希釈溶液がさらに薄くなり，コニカルビーカーに入
れる塩化水素 HCl の物質量が，もともと入れる予定だった量よ
りも小さくなる。その結果，水酸化ナトリウム NaOH 水溶液の
滴下量は正しい量より小さくなる。

✗②コニカルビーカーが水でぬれていても，その中に入れる HCl
の物質量は変化しない。したがって，NaOH 水溶液の滴下量は正
しい量となる。

✗③フェノールフタレイン溶液は中和点を知るための指示薬で，
通常，コニカルビーカーの溶液に数滴加える。多量に加えても
NaOH 水溶液の滴下量にはほとんど影響しない。

○④ビュレットの先端部分に空気が入ったまま中和滴定を行うと，
滴定の途中で空気がぬけて，ぬけた空気の体積の分だけ NaOH
水溶液の滴下量が正しい量より大きくなる。中和滴定では，ビュ
レットから溶液を滴下し始める前に，ビュレットの先端部分に
入っている空気をぬいて，先端部分まで溶液で満たしておく[①]。

よって，最も適当なものは，④

①右の図のように，
　気泡がある場合は，
　コックを開けて溶
　液を勢いよく流し
　て気泡をなくす。

気泡

**061** 問1　②－⑦，④－⑨，⑤－⑧　　問2　④　　問3　③，⑦　　問4　③

**解説** 問1　大輔さんの実験は，濃度未知の過酸化水素水を濃度が
わかっている過マンガン酸カリウム水溶液で滴定する酸化還元滴定
である。したがって，コニカルビーカー以外の必要なガラス器具は，
メスフラスコ②，ビュレット④，ホールピペット⑤である。

メスフラスコ①：　過酸化水素水 10.0 mL に水を加えて 100 mL と
　　　　　　　　　するときに使用する。過酸化水素水を入れたあ
　　　　　　　　　とに水を加えるので，メスフラスコは水でぬれ
　　　　　　　　　たまま使用することができる。

①正確な濃度の溶液を調製するときに用い
　る。

ホールピペット②：メスフラスコで調製した溶液 10.0 mL をはかり
　　　　　　　　　取るときに使用する。水でぬれたまま使用する
　　　　　　　　　と，はかり取るときに過酸化水素水が薄まって
　　　　　　　　　しまうので，使用する過酸化水素水で共洗いし
　　　　　　　　　てから使用する。

②一定体積の溶液を，正確にはかり取ると
　きに用いる。

ビュレット③：　　過マンガン酸カリウム水溶液を滴下するときに
　　　　　　　　　使用する。水でぬれたまま使用すると，ビュレッ

③滴下された液体の体積を正確にはかると
　きに用いる。

トに入れた過マンガン酸カリウム水溶液が薄まってしまうので，使用する過マンガン酸カリウム水溶液で共洗いしてから使用する。

問2　【思考の過程▶】酸性水溶液中で滴定を行った場合は，過マンガン酸カリウム $KMnO_4$ 水溶液を滴下すると，赤紫色の過マンガン酸イオン $MnO_4^-$ がほぼ無色のマンガン（Ⅱ）イオン $Mn^{2+}$ になる。

　過マンガン酸カリウム $KMnO_4$ 水溶液を滴下して褐色の沈殿である酸化マンガン（Ⅳ）$MnO_2$ が生じたことから，この反応が中性・塩基性の条件下で行われた[①]ことがわかる。$KMnO_4$ から生じる過マンガン酸イオン $MnO_4^-$ がマンガン（Ⅱ）イオン $Mn^{2+}$ まで還元されるためには，酸性条件下で滴定を行う[②]必要がある。この場合は，赤紫色の $MnO_4^-$ を滴下すると，すぐにほぼ無色の $Mn^{2+}$ になる。

　酸性条件にするには，<u>硫酸</u>[④]を用いる。塩酸は還元剤としてはたらくので過マンガン酸カリウムと反応してしまい，硝酸は酸化剤としてはたらくので過酸化水素と反応してしまう。したがって，どちらも用いることができない。

問3　ヨウ素 $I_2$ にチオ硫酸ナトリウム $Na_2S_2O_3$ 水溶液を滴下するとき，滴定の終点では $I_2$ がすべて還元されて $I^-$ となる。指示薬としてデンプン水溶液を加えると，$I_2$ が残っているときは水溶液が青紫色である[③]が，終点では水溶液が無色になる。

よって，適当な指示薬は<u>デンプン</u>[③]，色の変化は<u>青紫色→無色</u>[⑦]。

問4　【思考の過程▶】酸化還元滴定で，過不足なく反応したとき，
（酸化剤が受け取る電子の物質量）＝（還元剤が失う電子の物質量）

　問題文で示されているように，$H_2O_2$ と $I^-$ は次のように反応する。

$H_2O_2 + 2H^+ + 2e^- \longrightarrow 2H_2O$

$2I^- \longrightarrow I_2 + 2e^-$

また，$I_2$ と $S_2O_3^{2-}$ は次のように反応する。

$I_2 + 2e^- \longrightarrow 2I^-$

$2S_2O_3^{2-} \longrightarrow S_4O_6^{2-} + 2e^-$

つまり，

（$H_2O_2$ が受け取る電子の物質量）＝（$S_2O_3^{2-}$ が失う電子の物質量）

　　　$H_2O_2$ の物質量×2 ＝ $S_2O_3^{2-}$ の物質量×1

　したがって，滴定に用いた過酸化水素水のモル濃度を $x\,[mol/L]$ とすると，次の式が成りたつ。

$$\underbrace{x\,[mol/L] \times \frac{15.0}{1000}\,L \times 2}_{H_2O_2 の物質量} = \underbrace{0.100\,mol/L \times \frac{21.0}{1000}\,L}_{S_2O_3^{2-} の物質量}$$

$x = 7.00 \times 10^{-2}\,mol/L$

　滴定に用いた過酸化水素水は，最初の過酸化水素水を10倍に薄めたものであるから，最初の過酸化水素水のモル濃度は<u>$0.700\,mol/L$</u>[⑧]である。

①中性・塩基性条件下では，次に示す反応が起こる。

$\underset{+7}{MnO_4^-} + 2H_2O + 3e^-$
$\longrightarrow \underset{+4}{MnO_2} + 4OH^-$

②酸性条件下では，次に示す反応が起こる。

$\underset{+7}{MnO_4^-} + 8H^+ + 5e^-$
$\longrightarrow \underset{+2}{Mn^{2+}} + 4H_2O$

③ヨウ素 $I_2$ の溶液にデンプン水溶液を加えると，青〜青紫色になる。これをヨウ素デンプン反応といい，ヨウ素やデンプンの検出に利用される。
　また，この実験のように，$I_2$ の酸化還元反応を利用した酸化還元滴定を**ヨウ素滴定**という。

## III　グラフ・図を読み解く問題

**062** (1) ④　(2) ⑤　(3) ⑦

**グラフ・図の読み取り方**　　　　　　　　　　　　　（本冊 *p.*33）

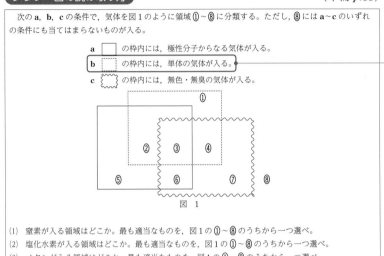

次の **a**, **b**, **c** の条件で，気体を図1のように領域①～⑧に分類する。ただし，⑧には **a**～**c** のいずれの条件にも当てはまらないものが入る。

**a** ▭ の枠内には，極性分子からなる気体が入る。
**b** ⬚ の枠内には，単体の気体が入る。
**c** 〰 の枠内には，無色・無臭の気体が入る。

図 1

(1)　窒素が入る領域はどこか。最も適当なものを，図1の①～⑧のうちから一つ選べ。
(2)　塩化水素が入る領域はどこか。最も適当なものを，図1の①～⑧のうちから一つ選べ。
(3)　メタンが入る領域はどこか。最も適当なものを，図1の①～⑧のうちから一つ選べ。

> 単体は，1種類の元素でできている物質のことであるから，化学式を書いたときに1種類の元素記号だけで表せるかどうかを考える。

**解説**　それぞれの特徴は，次の通り。
（○：当てはまる，×：当てはまらない）

|  | (1) 窒素 | (2) 塩化水素 | (3) メタン |
|---|---|---|---|
| **a** 極性分子 | × | ○ | × |
| **b** 単体 | ○($N_2$) | ×(HCl) | ×($CH_4$) |
| **c** 無色・無臭 | ○ | ×(刺激臭) | ○ |

したがって，(1)窒素は④，(2)塩化水素は⑤，(3)メタンは⑦ の領域に入る。

**063** ①

**グラフ・図の読み取り方**　　　　　　　　　　　　　（本冊 *p.*33）

図1は温度の違いによる気体の窒素分子の速さの分布を示したものである。この図についての記述として正しいものを，次の①～⑤のうちから一つ選べ。

① 温度が高くなるほど，速さの大きい分子の数の割合が増える。
② −100℃では，分子の速さの平均は1000m/s 程度である。
③ 0℃では，分子の速さが1000m/s 以上の分子は存在しない。
④ 1000℃では，分子の速さが500m/s 未満の分子は存在しない。
⑤ 温度と分子の速さは関係がない。

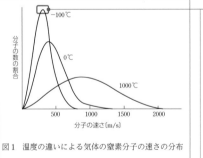

図 1　温度の違いによる気体の窒素分子の速さの分布

> 分子の速さの平均は，各温度のグラフの頂点にあたる分子の速さを読み取る。

**解説**

○① −100℃や0℃の窒素分子は分子の速さが1000m/s よりも小さい分子の数の割合が多いが，1000℃の窒素分子は1000m/s 以上の速さの分子の数の割合が多い。

×② −100℃では，分子の速さの平均は <u>1000m/s</u> 程度である。

→−100℃では，分子の速さの平均は 250 m/s 程度である。

✕ ③ 0℃では，分子の速さが 1000 m/s 以上の分子は<u>存在しない</u>。

→ 0℃では，分子の速さが 1000 m/s 以上の分子も少し存在する。

✕ ④ 1000℃では，分子の速さが 500 m/s 未満の分子は<u>存在しない</u>。

→ 1000℃では，分子の速さが 500 m/s 未満の分子も存在する。

✕ ⑤ 温度と分子の速さは<u>関係がない</u>。

→温度が高いほど速さが大きい分子の割合が増えるので，温度と分子の速さは関係があるといえる。

よって，正しいものは，①。

**064** ⑤

**グラフ・図の読み取り方**　　　　　　　　　　　　（本冊 *p*.34）

　放射性同位体 $^{14}C$ は不安定で，放射線を出して自然に他の元素に変化する。図1は，$^{14}C$ の割合が時間とともに減少する様子を表している。

　植物は二酸化炭素を常に取り込んでおり，植物の体内には大気と同じ割合の $^{14}C$ が含まれている。植物が枯れると体内の $^{14}C$ は放射線を出して減少していくことが知られており，残っている $^{14}C$ の割合からその植物が生きていた年代を推定できる。

　遺跡で発見されたある木片を調べたところ，$^{14}C$ の割合は大気の割合の 12.5％であった。この木片が枯れたのは，およそ何年前と考えられるか。最も適当なものを次の①〜⑥のうちから一つ選べ。ただし，$^{14}C$ の自然界での割合はほぼ一定で，大気に含まれる $^{14}C$ の割合は一定で変わらなかったものとする。

① 1910 年前　　② 2865 年前　　③ 5730 年前
④ 11460 年前　　⑤ 17190 年前　　⑥ 22920 年前

（吹き出し）$^{14}C$ の割合が半分になるのにかかる時間（半減期）は，5730年と読み取る。

**解説**

**思考の過程▶** 図1より，$^{14}C$ の割合が大気の割合の 50％になるのに要する時間は 5730 年であることがわかる。さらにその半分の 25％になるのに要する時間は，5730 年×2=11460 年である。このことから，$^{14}C$ の割合が 12.5％になるのに要する時間を求めればよい。

$^{14}C$ の割合が大気中の割合の 12.5％となるのは，

$$\frac{12.5}{100}=\frac{1}{8}=\left(\frac{1}{2}\right)^3$$

より，半減期の3倍の時間が経過した後になる。

よって，この木片が枯れたのはおよそ 5730×3=<u>17190（年前）</u>⑤ と考えられる。

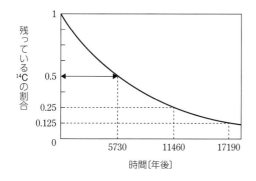

**065** **③**

グラフ・図の読み取り方　　　　　　　　　　　　　　　　　　（本冊 *p.*34）

イオン化エネルギーには第一イオン化エネルギーだけでなく，第二イオン化エネルギー，第三イオン化エネルギーがあり，次のように定義される。
Ⅰ　原子の最外電子殻から1個の電子を取り去って1価の陽イオンにするのに必要なエネルギーを第一イオン化エネルギーという。
Ⅱ　2個目，3個目の電子を取り去るのに必要なエネルギーを第二イオン化エネルギー，第三イオン化エネルギーという。
　原子の種類によってイオン化エネルギーの値が決まっていて，三つの金属元素 Na，Mg，Al についてイオン化エネルギーの値をグラフで表すと図1のようになる。図中のア，イ，ウの元素の種類の組合せとして最も適当なものを，次の①～⑥のうちから一つ選べ。

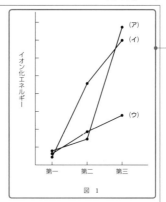

図　1

アは3個目の電子を取り去るのに大きなエネルギーが必要であり，イは2個目の電子を取り去るのに大きなエネルギーが必要であり，ウは3個の電子を取り去るのにそれほど大きなエネルギーが必要ではないと読み取る。

|  | ア | イ | ウ |
|---|---|---|---|
| ① | Na | Mg | Al |
| ② | Na | Al | Mg |
| ③ | Mg | Na | Al |
| ④ | Mg | Al | Na |
| ⑤ | Al | Na | Mg |
| ⑥ | Al | Mg | Na |

**解説**　**思考の過程 ▶** Na 原子，Mg 原子，Al 原子の電子配置をもとにして，それぞれの原子から何個の電子を取り去りやすいかを考える。

それぞれの原子の電子配置は，次の通りである。

₁₁Na　　　　　₁₂Mg　　　　　₁₃Al

　Na 原子は，最外殻電子の数が1個で，1個目の電子を取り去るには大きなエネルギーを必要としないが，2個目の電子を取り去るときは安定した貴ガスの電子配置になっているので，大きなエネルギーが必要になる。したがって，第一イオン化エネルギーと比べて，第二イオン化エネルギーはかなり大きくなるｲ。

　Mg 原子は，最外殻電子の数が2個で，1個目と2個目の電子を取り去るには大きなエネルギーを必要としないが，3個目の電子を取り去るときは安定した貴ガスの電子配置になっているので，大きなエネルギーが必要になる。したがって，第二イオン化エネルギーと比べて，第三イオン化エネルギーはより大きくなるｱ。

　Al 原子は，最外殻電子の数が3個で，1個目，2個目，3個目の電子を取り去るには大きなエネルギーを必要としない。したがって，Na 原子や Mg 原子と比べると，第二，第三イオン化エネルギーは，それほど大きくないｳ。

よって，元素の種類の組合せとして最も適当なものは，**③**。

**066**　a　④　　b　④　　c　③　　d　①

### グラフ・図の読み取り方
（本冊 *p.*35）

右の表は，①〜⑤の五つの元素について，原子の電子配置を示したものである。次の**a〜d**に該当するものを，①〜⑤のうちから一つずつ選べ。ただし，同じものを繰り返し選んでもよい。
**a** 最も多くの最外殻電子をもつもの
**b** 第一イオン化エネルギーが最も大きいもの
**c** 電気陰性度が最も大きいもの
**d** 単体の融点が最も高いもの

| | 原子の電子配置 | | |
|---|---|---|---|
| 元　素 | K　殻 | L　殻 | M　殻 |
| ① | 2 | 4 | |
| ② | 2 | 5 | |
| ③ | 2 | 7 | |
| ④ | 2 | 8 | |
| ⑤ | 2 | 8 | 1 |

L殻に収容できる電子の最大数は8であるから，安定した貴ガスの電子配置になっていることがわかる。

**解説**　表の原子の電子配置より，それぞれの元素は，①炭素，②窒素，③フッ素，④ネオン，⑤ナトリウムであることがわかる。
**a**　最も多くの最外殻電子[①]をもつものは，L殻に8個の電子をもつネオンである。よって，該当するものは，④。
**b**　貴ガスであるネオンの電子配置は，L殻が閉殻[②]になっていて安定であり，1個の電子を取り去るのに必要なエネルギーが五つの元素の中で最も大きい。よって，該当するものは，④。
**c**　電気陰性度[③]は，貴ガスを除いて，周期表の右上にある元素ほど大きいので，フッ素が最も大きい。よって，該当するものは，③。
**d**　炭素の単体は共有結合結晶で，融点が高く，きわめて硬い。よって，該当するものは，①。

①最も外側の電子殻に入っている電子。

②最大数の電子で満たされている電子殻。

③異なる2原子間の共有結合で，それぞれの原子が共有電子対を引きつける強さの程度を表した値。

**067**　(1)　③　　(2)　⑥　　(3)　⑤　　(4)　②　　(5)　⑥　　(6)　④　　(7)　③

### グラフ・図の読み取り方
（本冊 *p.*35）

図は元素の周期表から元素名を取り除き，**a〜f**の領域に分けるとともに，特定の元素α，βの位置を示したものである。
下の A欄の(1)〜(5)に最もよく当てはまるものを，B欄の①〜⑥から一つずつ選べ。また，C欄の(6)・(7)に最もよく当てはまるものを，D欄の①〜⑤から一つずつ選べ。ただし，同じものを繰り返し選んでもよい。

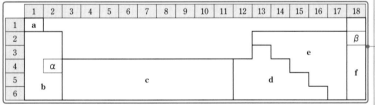

**a**の領域…水素
**b**の領域…アルカリ金属元素と2族元素
**c**の領域…遷移元素
**d**の領域…12〜16族のうちの金属元素
**e**の領域…13〜17族のうちの非金属元素
**f**の領域…貴ガス元素

A欄　(1)　Fe, Cu のある領域。
　　(2)　価電子の数が最も少ない元素のある領域。
　　(3)　陰性の強い元素のある領域。
　　(4)　元素の第一イオン化エネルギーは原子番号とともに周期的に変化するが，それが極小になる元素のある領域。
　　(5)　第一イオン化エネルギーが極大となる元素のある領域。
B欄　①a　②b　③c　④d　⑤e　⑥f
C欄　(6)　陽イオンがβと同じ電子配置をもつ物質。
　　(7)　陽イオン，陰イオンがともに，αの2価の陽イオンと同じ電子配置をもつ物質。
D欄　① CaO　② LiBr　③ KCl　④ MgO　⑤ CsBr

**解説**　(1)　Fe, Cu は遷移元素である。
　　よって，最もよく当てはまるものは，**c**の領域[③]である。
(2)　貴ガスは電子配置が安定であり，最外殻電子の数が8個であっても，価電子[①]の数は0とする。
　　よって，最もよく当てはまるものは，**f**の領域[⑥]である。

①最外殻電子のうち，原子がイオンになったり，原子どうしが結びついたりするときに，重要なはたらきを示すもの。

(3)　貴ガスを除く，周期表の右上にある元素ほど陰性[②]が強い。

　　よって，最もよく当てはまるものは，**e の領域**[⑤]である。

(4)　周期表の左側にある元素の原子は，第一イオン化エネルギーが小さく，陽イオンになりやすい。

　　よって，最もよく当てはまるものは，**b の領域**[②]である。

(5)　同じ周期の元素で比べたとき，第一イオン化エネルギーが最も大きくなるものは貴ガスである。

　　よって，最もよく当てはまるものは，**f の領域**[⑥]である。

(6)　$\beta$ の元素はネオン Ne である。陽イオンが Ne と同じ電子配置をもつ元素は，Na と Mg と Al である。

　　よって，最もよく当てはまるものは，**MgO**[④]である。

(7)　$\alpha$ の元素はカルシウム Ca である。$Ca^{2+}$ の電子配置は，貴ガスのアルゴン Ar と同じで，これと同じ電子配置である陽イオンには $K^+$ があり，陰イオンには $Cl^-$ がある。

　　よって，最もよく当てはまるものは，**KCl**[⑧]である。

②原子が陰イオンになる性質のこと。

## **068** ②

### グラフ・図の読み取り方　　　　　　　　　　（本冊 *p*.37）

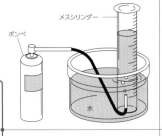

気体 **X**，**Y**，**Z** のボンベを用意し，ボンベから気体を水上置換でメスシリンダーにとり，メスシリンダーの内側と外側の水面の高さが同じになるようにして気体の体積をそれぞれ測定した。次の表は，測定した気体の体積と測定前後のボンベの質量変化をそれぞれ表したものである。

|  | 測定した気体の体積 | 測定前後のボンベの質量変化 |
|---|---|---|
| 気体 **X** | 112 mL | 0.16 g 軽くなった |
| 気体 **Y** | 112 mL | 0.29 g 軽くなった |
| 気体 **Z** | 224 mL | 0.44 g 軽くなった |

気体の体積と質量のデータから分子量を求める式を考える。

気体 **X**，**Y**，**Z** の分子量の関係として正しいものを，次の①～⑤のうちから一つ選べ。ただし，実験中の温度，大気圧には変化がなかったものとし，気体 **X**，**Y**，**Z** の水への溶解もなかったものとする。

① X < Y < Z　　② X < Z < Y　　③ Y < X < Z　　④ Y < Z < X　　⑤ Z < Y < X

**解説**　　思考の過程▶ 標準状態の気体の密度とモル質量には次の関係がある。

$$気体の密度〔g/L〕 = \frac{モル質量〔g/mol〕}{22.4 \, L/mol①}$$

これより，気体の密度と分子量は比例関係にあることがわかる。

それぞれの気体の密度は次の通りである。

気体 **X**　$\dfrac{0.16 \, g}{0.112 \, L} ≒ 1.43 \, g/L$　　　気体 **Y**　$\dfrac{0.29 \, g}{0.112 \, L} ≒ 2.59 \, g/L$

気体 **Z**　$\dfrac{0.44 \, g}{0.224 \, L} ≒ 1.96 \, g/L$

密度が大きいほど分子量も大きくなる。したがって，気体 **X**，**Y**，**Z** の分子量の関係として正しいものは，**X < Z < Y**[②]である。

①標準状態で，物質 1 mol 当たりの体積は，ほぼ 22.4 L/mol である。問題文中に標準状態の記載はないが，分子量の大小の比較をする問題であるので，仮に標準状態であるとみなす。

**069** 問1 ④　　問2 ③　　問3 ③　　問4 ②

**グラフ・図の読み取り方**　　　　　　　　　　　　　（本冊 *p.37*）

図は，水に対する電解質の溶解度曲線である。溶解度は，溶媒 100 g に溶ける溶質の最大質量 (g 単位) の数値で表される。H＝1.0，O＝16，S＝32，Cu＝64

問1　60℃の硫酸銅（Ⅱ）の飽和水溶液 70 g をつくるために必要な硫酸銅（Ⅱ）五水和物の質量は何 g か。最も適当な数値を，次の ①〜⑥ のうちから一つ選べ。

　① 18　　② 20　　③ 28
　④ 31　　⑤ 44　　⑥ 56

問2　60℃の水 100 g に硝酸カリウムを溶かして飽和水溶液をつくった後，水を 20 g 蒸発させた。60℃で析出する結晶は何 g か。最も適当な数値を，次の ①〜⑥ のうちから一つ選べ。

　① 8　　② 10　　③ 22
　④ 35　　⑤ 87　　⑥ 109

問3　80℃の 36 ％硝酸カリウム水溶液を冷却した場合，結晶が析出し始める温度は何℃か。最も適当な数値を，次の ①〜⑥ のうちから一つ選べ。

　① 14　　② 26　　③ 36　　④ 48　　⑤ 53　　⑥ 64

問4　塩化ナトリウムの飽和水溶液から結晶を取り出す場合，どのような方法が適しているか。より適している方法を，次の ①・② のうちから一つ選べ。

　① 高温でつくった飽和溶液を冷却して結晶を析出させる。
　② 飽和溶液から溶媒を蒸発させて結晶を析出させる。

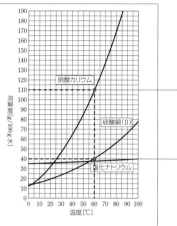

硝酸カリウムは，60℃で 110 g まで溶けると読み取る。

硫酸銅（Ⅱ）は，60℃で 40 g まで溶けると読み取る。

**解説**

**問1**　思考の過程▶ 同じ温度では，飽和溶液の濃度は常に一定。
→溶液中の溶質と溶液の質量の比も常に一定。

　グラフより，60℃では水 100 g に硫酸銅（Ⅱ）$CuSO_4$ は 40 g まで溶ける。60℃の飽和水溶液 70 g をつくるために必要な硫酸銅（Ⅱ）五水和物 $CuSO_4 \cdot 5H_2O$ の質量を $x$ [g] とすると，

$$\frac{40\,\text{g}}{100\,\text{g} + 40\,\text{g}} = \frac{\dfrac{160}{250}x\,[\text{g}]^{①}}{70\,\text{g}} \qquad x = 31.25\,\text{g} ≒ \underline{31\,\text{g}}_{④}$$

① $CuSO_4 \cdot 5H_2O$ の式量が 250，$CuSO_4$ の式量が 160 なので，必要な $CuSO_4 \cdot 5H_2O$ の質量を $x$ [g] とすると，溶質である $CuSO_4$ の質量は $\dfrac{160}{250}x$ [g] と表せる。

**問2**　思考の過程▶ 飽和水溶液の水 20 g を蒸発させて析出する結晶の質量
→飽和水溶液で，水 20 g に溶けていた溶質の質量

　グラフより，60℃では水 100 g に硝酸カリウム $KNO_3$ は 110 g まで溶ける。この飽和水溶液の水 20 g に溶けていた $KNO_3$ の質量を $y$ [g] とすると，次の関係が成りたつ②。

　　110 g : 100 g ＝ $y$ [g] : 20 g　　$y = \underline{22\,\text{g}}_{③}$

② 溶解度が $s$ である（水 100 g に溶質が $s$ [g] まで溶ける）とき，飽和水溶液中では，常に次の関係が成りたつ。
　溶質の質量 : 水の質量
　　　　　　＝ $s$ [g] : 100 g

**問3**　思考の過程▶ 質量パーセント濃度から，水 100 g に溶けている溶質の質量を求める。

　質量パーセント濃度が 36 ％の $KNO_3$ 水溶液 100 g には $KNO_3$ が 36 g 溶けており，溶媒である水の質量は　100 － 36＝64 (g)　である。したがって，この水溶液の水 100 g に溶けている $KNO_3$ の質量を $z$ [g] とすると，次の関係が成りたつ。

　　$z$ [g] : 100 g＝36 g : 64 g　　$z = 56.25\,\text{g} ≒ 56\,\text{g}$

　56 g の $KNO_3$ を水 100 g に溶かした水溶液が飽和水溶液となる温度は，グラフより，約 $\underline{36℃}_{③}$ である。

問4　グラフより，塩化ナトリウムは温度による溶解度の変化が小さい
ので，高温でつくった飽和溶液を冷却しても結晶は析出しにくい。した
がって，飽和溶液から溶媒を蒸発させて結晶を析出させる<sub>②</sub>。

**070** ③

グラフ・図の読み取り方 　　　　　　　　　　　　　　　　（本冊 *p.38*）

十分な量の水にナトリウムを加えたところ，次の反応に
より水素が発生した。
$$2Na + 2H_2O \longrightarrow 2NaOH + H_2$$
反応したナトリウムの質量と発生した水素の物質量の関
係を表す直線として最も適当なものを，右の①～④のう
ちから一つ選べ。Na＝23

〔2015 センター追試〕

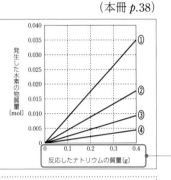

横軸がナトリウムの質量に
なっていることに注意する。

解説　思考の過程▶　与えられた化学反応式の係数に着目すると，

$$\boxed{2}Na + 2H_2O \longrightarrow 2NaOH + \boxed{1}H_2$$

これより，$H_2$ の物質量＝Na の物質量×$\dfrac{1}{2}$

ナトリウム（式量23）0.23 g が反応したときに発生する水素の物質量<sup>①</sup>は，

$$\frac{0.23\,\mathrm{g}}{23\,\mathrm{g/mol}} \times \frac{1}{2} = 0.0050\,\mathrm{mol}$$

①物質量〔mol〕＝$\dfrac{質量〔g〕}{モル質量〔g/mol〕}$

よって，最も適当なグラフは，③。

**071** ②

グラフ・図の読み取り方 　　　　　　　　　　　　　　　　（本冊 *p.38*）

0.020 mol の亜鉛 Zn に濃度 2.0 mol/L の塩酸を
加えて反応させた。このとき，加えた塩酸の体積
と発生した水素の体積の関係は図1のようになっ
た。ここで，発生した水素の体積は0℃，1.013×
$10^5$ Pa の状態における値である。図中の体積 $V_1$〔L〕
と $V_2$〔L〕はそれぞれ何 L か。$V_1$ と $V_2$ の数値の組
合せとして最も適当なものを，次の①～⑥のう
ちから一つ選べ。

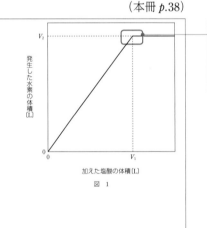

図 1

亜鉛 0.020 mol と過不足なく
反応する塩酸の体積は $V_1$
〔L〕，発生した水素の体積は
$V_2$〔L〕であると読み取る。

|   | $V_1$〔L〕 | $V_2$〔L〕 |
|---|---|---|
| ① | 0.020 | 0.90 |
| ② | 0.020 | 0.45 |
| ③ | 0.020 | 0.22 |
| ④ | 0.010 | 0.90 |
| ⑤ | 0.010 | 0.45 |
| ⑥ | 0.010 | 0.22 |

解説　亜鉛 Zn と塩酸 HCl の反応を化学反応式で表すと，

$$Zn + 2HCl \longrightarrow ZnCl_2 + H_2$$

これより，過不足なく反応する Zn と HCl の物質量の比は，1：2 である。
0.020 mol の Zn に 2.0 mol/L の HCl を $V_1$〔L〕加えたとき過不足なく反応し
たことから，次の関係が成りたつ。

$$0.020\,\mathrm{mol} : 2.0\,\mathrm{mol/L} \times V_1〔L〕 = 1 : 2 \qquad V_1 = 0.020\,L$$

また，化学反応式より，反応する Zn と発生する水素 $H_2$ の物質量の比は，1：1である。0.020 mol の Zn がすべて反応したとき，0℃，$1.013 \times 10^5$ Pa [1] で $V_2$[L]の $H_2$ が発生したことから，次の関係が成りたつ。

①この温度・圧力の状態を標準状態という。

$$0.020 \, \text{mol} : \frac{V_2[\text{L}]}{22.4 \, \text{L/mol}} = 1 : 1 \qquad V_2 = 0.448 \, \text{L} ≒ 0.45 \, \text{L}$$

よって，$V_1$ と $V_2$ の数値の組合せとして最も適当なものは，②。

**072　①**

**グラフ・図の読み取り方**　　　　　　　　　　　　　（本冊 $p.39$）

クロム酸カリウム $K_2CrO_4$ の水溶液と硝酸銀 $AgNO_3$ の水溶液を混ぜ合わせると，イオンが次のように反応し，クロム酸銀 $Ag_2CrO_4$ の沈殿が生じる。

$$CrO_4^{2-} + 2\,Ag^+ \longrightarrow Ag_2CrO_4$$

この反応を調べるため，11 本の試験管を用いて，0.10 mol/L のクロム酸カリウム水溶液と 0.10 mol/L の硝酸銀水溶液を，それぞれ表 1 に示した体積で混ぜ合わせた。各試験管内に生じた沈殿の質量[g]を表すグラフとして最も適当なものを，次の①～⑥のうちから一つ選べ。ただし，沈殿である $Ag_2CrO_4$ は水に全く溶けないものとする。$Ag_2CrO_4 = 332$

表　1

| 試験管番号 | クロム酸カリウム水溶液の体積[mL] | 硝酸銀水溶液の体積[mL] |
|---|---|---|
| 1 | 1.0 | 11.0 |
| 2 | 2.0 | 10.0 |
| 3 | 3.0 | 9.0 |
| 4 | 4.0 | 8.0 |
| 5 | 5.0 | 7.0 |
| 6 | 6.0 | 6.0 |
| 7 | 7.0 | 5.0 |
| 8 | 8.0 | 4.0 |
| 9 | 9.0 | 3.0 |
| 10 | 10.0 | 2.0 |
| 11 | 11.0 | 1.0 |

見慣れない物質の反応だが，$Ag_2CrO_4$ の沈殿が生じることと，$CrO_4^{2-}$ と $Ag^+$ が 1：2 の物質量の比で反応することを読み取る。

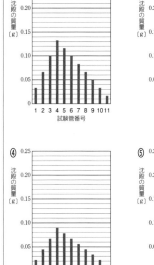
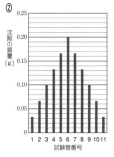
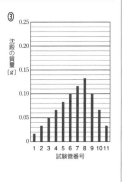
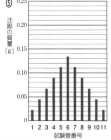
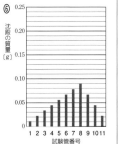

**解説**　**思考の過程▶** 生じる沈殿 $Ag_2CrO_4$ の質量は物質量に比例する。
→各試験管で生じる沈殿の物質量を求める。

試験管番号 1 について，反応前の $CrO_4{}^{2-}$ と $Ag^+$ の物質量[1]は，

$$CrO_4{}^{2-} : 0.10\,mol/L \times \frac{1.0}{1000}\,L = 1.0 \times 10^{-4}\,mol$$

$$Ag^+ \quad : 0.10\,mol/L \times \frac{11.0}{1000}\,L = 11.0 \times 10^{-4}\,mol$$

よって，反応の前後の物質量の関係は，次のようになる。

|  | $CrO_4{}^{2-}$ | $+$ | $2\,Ag^+$ | $\longrightarrow$ | $Ag_2CrO_4$[2] |  |
|---|---|---|---|---|---|---|
| 反応前 | $1.0 \times 10^{-4}$ | | $11.0 \times 10^{-4}$ | | 0 | (mol) |
| 変化量 | $-1.0 \times 10^{-4}$ | | $-2.0 \times 10^{-4}$ | | $+1.0 \times 10^{-4}$ | (mol) |
| 反応後 | 0 | | $9.0 \times 10^{-4}$ | | $1.0 \times 10^{-4}$ | (mol) |

したがって，試験管番号 1 で生じる $Ag_2CrO_4$（式量 332）の沈殿の質量は，

$$332\,g/mol \times 1.0 \times 10^{-4}\,mol = 0.0332\,g$$

となり，グラフは①または②となる。グラフ①と②では試験管番号 5 以降での沈殿の質量が異なる。

試験管番号 5 について同様に計算すると，反応前の $CrO_4{}^{2-}$ と $Ag^+$ の物質量は，

$$CrO_4{}^{2-} : 0.10\,mol/L \times \frac{5.0}{1000}\,L = 5.0 \times 10^{-4}\,mol$$

$$Ag^+ \quad : 0.10\,mol/L \times \frac{7.0}{1000}\,L = 7.0 \times 10^{-4}\,mol$$

よって，反応の前後の物質量の関係は，次のようになる。

|  | $CrO_4{}^{2-}$ | $+$ | $2\,Ag^+$ | $\longrightarrow$ | $Ag_2CrO_4$ |  |
|---|---|---|---|---|---|---|
| 反応前 | $5.0 \times 10^{-4}$ | | $7.0 \times 10^{-4}$ | | 0 | (mol) |
| 変化量 | $-3.5 \times 10^{-4}$ | | $-7.0 \times 10^{-4}$ | | $+3.5 \times 10^{-4}$ | (mol) |
| 反応後 | $1.5 \times 10^{-4}$ | | 0 | | $3.5 \times 10^{-4}$ | (mol) |

したがって，試験管番号 5 で生じる $Ag_2CrO_4$（式量 332）の沈殿の質量は，

$$332\,g/mol \times 3.5 \times 10^{-4}\,mol = 0.1162\,g$$

よって，最も適当なグラフは，①。

補足 それぞれの試験管で生じる沈殿の質量は，次の通り。

| 試験管番号 | $K_2CrO_4$ 水溶液の体積[mL] | $AgNO_3$ 水溶液の体積[mL] | 生じる沈殿の物質量[mol] | 生じる沈殿の質量[g] |
|---|---|---|---|---|
| 1 | 1.0 | 11.0 | $1.0 \times 10^{-4}$ | 0.0332 |
| 2 | 2.0 | 10.0 | $2.0 \times 10^{-4}$ | 0.0664 |
| 3 | 3.0 | 9.0 | $3.0 \times 10^{-4}$ | 0.0996 |
| 4 | 4.0 | 8.0 | $4.0 \times 10^{-4}$ | 0.1328 |
| 5 | 5.0 | 7.0 | $3.5 \times 10^{-4}$ | 0.1162 |
| 6 | 6.0 | 6.0 | $3.0 \times 10^{-4}$ | 0.0996 |
| 7 | 7.0 | 5.0 | $2.5 \times 10^{-4}$ | 0.0830 |
| 8 | 8.0 | 4.0 | $2.0 \times 10^{-4}$ | 0.0664 |
| 9 | 9.0 | 3.0 | $1.5 \times 10^{-4}$ | 0.0498 |
| 10 | 10.0 | 2.0 | $1.0 \times 10^{-4}$ | 0.0332 |
| 11 | 11.0 | 1.0 | $0.5 \times 10^{-4}$ | 0.0166 |

[1] 溶質の物質量[mol]＝モル濃度[mol/L]×溶液の体積[L]

[2] クロム酸カリウム $K_2CrO_4$ の水溶液は，クロム酸イオン $CrO_4{}^{2-}$ を含む黄色の溶液になっている。そこへ硝酸銀 $AgNO_3$ の水溶液を混ぜ合わせると，赤褐色のクロム酸銀 $Ag_2CrO_4$ の沈殿が生じる。

**073** 問1 ② 問2 ②

**グラフ・図の読み取り方** （本冊 *p.*41）

次の文章を読み，問い(問1・2)に答えよ。

胃液の酸性の本体は塩酸で，消化を助け殺菌作用がある。塩酸の分泌が過剰になると胃粘膜が損傷を受け胃潰瘍になる。炭酸水素ナトリウムは胃液を中和するので，制酸薬として胃潰瘍症状の改善に使用される。

問1 胃液 5.0 mL の中和に，0.10 mol/L の炭酸水素ナトリウム水溶液 8.0 mL を必要とした。この胃液中の塩酸の濃度は何 mol/L か。最も適当な数値を，次の①～⑥のうちから一つ選べ。
① 0.080　② 0.16　③ 0.32　④ 0.80　⑤ 1.6　⑥ 3.2

問2 問1の胃液に炭酸水素ナトリウム水溶液を徐々に加えたときの pH の変化を表すグラフとして，最も適当なものを，次の①～⑤のうちから一つ選べ。

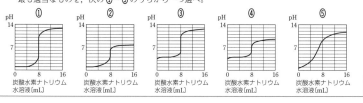

炭酸水素ナトリウムを加える前の水溶液は強い酸性，中和点を超えて加え続けると弱い塩基性になると考える。

**解説** 問1 塩酸と炭酸水素ナトリウムは，次のように反応する[①]。

$$HCl + NaHCO_3 \longrightarrow NaCl + H_2O + CO_2$$

胃液中の塩酸 HCl の濃度を $c$ [mol/L] とすると，中和の量的関係より，

$$1 \times c\,[\text{mol/L}] \times \frac{5.0}{1000}\,\text{L} = 1 \times 0.10\,\text{mol/L} \times \frac{8.0}{1000}\,\text{L} \qquad c = \underline{0.16\,\text{mol/L}}_{②}$$

問2 塩酸は強酸であり，HCl に NaHCO₃ 水溶液を加える前の pH はおよそ1である。一方，炭酸水素ナトリウム NaHCO₃ は弱塩基であるから，中和点を超えてさらに NaHCO₃ 水溶液を加えていくと，水溶液は塩基性を示すが，加え続けても pH が 13 まで大きくなることはない。

よって，最も適当なグラフは，②。

①塩酸と炭酸水素ナトリウムの反応では，生成物が人体に無害の物質であるから，炭酸水素ナトリウムを薬として使用することができる。

**知識の確認 滴定曲線**

滴定曲線を読むときは「滴定開始前の pH」や「過剰に酸(塩基)を加えたときの pH」，「中和点の pH」に着目する。

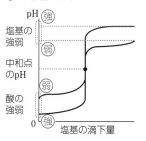

**074** a ② b ⑤

グラフ・図の読み取り方 　　　　　　　　　　　　　　　　（本冊 p.41）

0.05 mol/L の硫酸 100 mL に，0.10 mol/L の水酸化ナトリウム水溶液を滴下していったとき，次の a・b に当てはまるものを，下の①～⑧のうちから一つずつ選べ。ただし，縦軸は各イオンのモル濃度(mol/L)を，横軸は水酸化ナトリウム水溶液の滴下量(mL)を示す。
a OH⁻のモル濃度の変化を示すグラフ
b Na⁺のモル濃度の変化を示すグラフ

OH⁻は，中和反応により中和点までは増えることはないので，a は ① と ② のいずれかのグラフである。

Na⁺は，硫酸と反応せず，滴下開始直後から増えるので，b は ⑤ と ⑥ のいずれかのグラフである。

**解説** 　**思考の過程▶** 硫酸 $H_2SO_4$ と水酸化ナトリウム NaOH 水溶液がちょうど中和するときの水酸化ナトリウム水溶液の体積を求め，水酸化物イオン OH⁻ のモル濃度，ナトリウムイオン Na⁺ のモル濃度が中和点の前後でどのように変化するかを考える。

**a** 硫酸と水酸化ナトリウムは，次のように反応する。

$$H_2SO_4 + 2NaOH \longrightarrow Na_2SO_4 + 2H_2O$$

0.05 mol/L の $H_2SO_4$ 100 mL とちょうど中和する 0.10 mol/L の NaOH 水溶液の体積を $V$[mL] とすると，中和の量的関係より，

$$\underbrace{2\times 0.05\,\text{mol/L}\times\frac{100}{1000}\,\text{L}}_{H_2SO_4\text{から生じる}H^+\text{の物質量}}=\underbrace{1\times 0.10\,\text{mol/L}\times\frac{V}{1000}[\text{L}]}_{NaOH\text{から生じる}OH^-\text{の物質量}} \qquad V=100\,\text{mL}$$

したがって，NaOH 水溶液を 100 mL 滴下するまでは，中和反応により OH⁻ は残らない。中和点を超えると，加えた分だけ OH⁻ が増加していく。よって，OH⁻のモル濃度の変化を表すグラフは，②。

**b** Na⁺は $H_2SO_4$ に加えても Na⁺のままであるから，NaOH 水溶液を滴下し始めたときから，Na⁺は増加していく。中和点では，溶液の体積が 100 ＋100＝200(mL) であることから，Na⁺のモル濃度は次のように求められる。

$$\frac{0.10\,\text{mol/L}\times\frac{100}{1000}\,\text{L}}{\frac{200}{1000}\,\text{L}}=0.05\,\text{mol/L}$$

よって，Na⁺のモル濃度の変化を表すグラフは，⑤。

**075**　問1　a ④　b ①　c ②　　問2　②　　問3　②

**グラフ・図の読み取り方**　　　　　　　　　　　　（本冊 p.42）

　濃度未知の硫酸，酢酸水溶液および塩酸がある。それぞれ 25.0 mL をとり，0.10 mol/L の水酸化ナトリウム水溶液あるいは 0.10 mol/L のアンモニア水で滴定した。

問1　次の組合せで得られる滴定曲線を，図の①～④のうちから一つずつ選べ。
　a　硫酸とアンモニア水
　b　酢酸水溶液と水酸化ナトリウム水溶液
　c　塩酸と水酸化ナトリウム水溶液

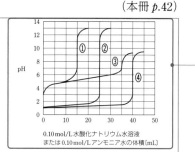

0.10 mol/L 水酸化ナトリウム水溶液
または 0.10 mol/L アンモニア水の体積〔mL〕

滴定開始前の pH と終了後の pH から，
①…弱酸＋強塩基
②…強酸＋強塩基
③…弱酸＋弱塩基
④…強酸＋弱塩基
の組合せの滴定曲線とわかる。

問2　滴定前の酢酸水溶液のモル濃度は何 mol/L か。最も適当な数値を，次の①～⑤のうちから一つ選べ。
　① 0.030　② 0.060　③ 0.080　④ 0.10　⑤ 0.16

問3　滴定前の酢酸の電離度として最も適当な数値を，次の①～⑤のうちから一つ選べ。
　① 0.001　② 0.017　③ 0.625　④ 1.70　⑤ 2.35

**解説**　問1　a～c の酸と塩基の強弱の組合せは，次の通り。

|  | 酸 | 塩　基 |
|---|---|---|
| **a** | 硫酸（強酸） | アンモニア（弱塩基） |
| **b** | 酢酸（弱酸） | 水酸化ナトリウム（強塩基） |
| **c** | 塩化水素（強酸） | 水酸化ナトリウム（強塩基） |

　よって，**a** の滴定曲線は④，**b** の滴定曲線は①，**c** の滴定曲線は②である。

問2　問1より，酢酸 $CH_3COOH$ 水溶液を用いた滴定曲線は①であるから，酢酸水溶液 25.0 mL と 0.10 mol/L の水酸化ナトリウム NaOH 水溶液 15.0 mL がちょうど中和したことがわかる。酢酸水溶液のモル濃度を $c$〔mol/L〕とすると，中和の量的関係より，

$$\underline{1 \times c \text{〔mol/L〕} \times \frac{25.0}{1000} \text{L}} = \underline{1 \times 0.10 \text{mol/L} \times \frac{15.0}{1000} \text{L}} \qquad c = \underline{0.060 \text{mol/L}}_{②}$$

$CH_3COOH$ から生じる $H^+$ の物質量　　NaOH から生じる $OH^-$ の物質量

問3　**思考の過程▶** グラフから読み取れることは，滴定前の pH である。
→「水素イオン濃度＝価数×モル濃度×電離度」の関係から電離度を求める。

　①の滴定曲線より，滴定前の酢酸水溶液の pH は 3.0 である。したがって，水素イオン濃度は $1.0 \times 10^{-3}$ mol/L[①]であるから，滴定前の酢酸の電離度を $\alpha$ とすると，次の関係が成りたつ。

$$1 \times 0.060 \text{mol/L} \times \alpha = 1.0 \times 10^{-3} \text{mol/L} \qquad \alpha = 0.0166\cdots ≒ \underline{0.017}_{②}$$

① $[H^+] = 1 \times 10^{-n}$ mol/L のとき，pH＝$n$

**076**　ア ①　イ ③　ウ ⑦　エ ②　オ ②

**グラフ・図の読み取り方**　　　　　　　　　　　　(本冊 *p.*42)

次の文章の ア ～ オ に当てはまるものを，それぞれの選択肢のうちから一つずつ選べ。

塩の分類において，炭酸ナトリウムは イ であり，その水溶液は イ を示す。右の図は25℃において，0.0500 mol/L の炭酸ナトリウム水溶液 20.0 mL に，濃度のわからない希塩酸を滴下したときの pH の変化を示したものである。このとき起きるすべての中和反応が完了するのは，点 ウ であり，この中和点を検出するための指示薬として エ を用いるのがよい。図より，希塩酸の濃度を求めると オ mol/L となる。

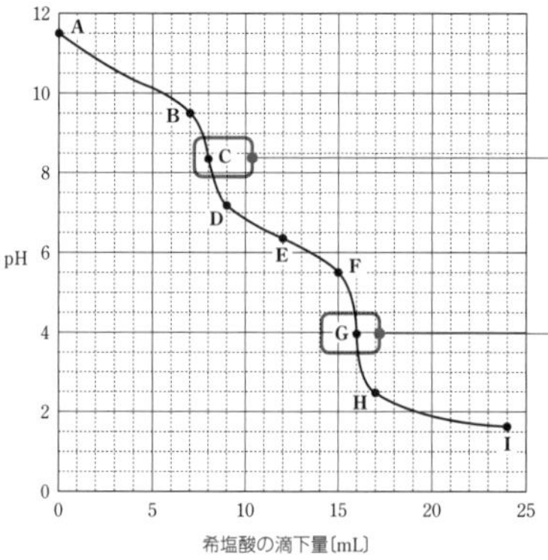

pH が大きく変化しているところが 2 か所あると読み取る。

図　炭酸ナトリウム水溶液に希塩酸を滴下した際のpH変化

ア の選択肢：① 正塩　② 酸性塩　③ 塩基性塩

イ の選択肢：① 中性　② 酸性　③ 塩基性

ウ の選択肢：① A　② B　③ C　④ D　⑤ E　⑥ F　⑦ G　⑧ H　⑨ I

エ の選択肢：① フェノールフタレイン　② メチルオレンジ　③ デンプン水溶液　④ 硝酸銀水溶液

オ の選択肢：① 0.0833　② 0.125　③ 0.133　④ 0.167　⑤ 0.222　⑥ 0.250

**解説**　ア 炭酸ナトリウム $Na_2CO_3$ は，酸の H も塩基の OH も残っていないので，正塩①である①。

イ $Na_2CO_3$ は，弱酸である炭酸 $H_2CO_3$（$CO_2+H_2O$）と強塩基である水酸化ナトリウム NaOH から生じた正塩であるから，その水溶液は塩基性③を示す。

ウ，エ $Na_2CO_3$ 水溶液に希塩酸 HCl を加えていくと，次のように二段階の中和反応が起こる。

$$Na_2CO_3 + HCl \longrightarrow NaCl + NaHCO_3 \quad \cdots\cdots(i)$$
$$NaHCO_3 + HCl \longrightarrow NaCl + H_2O + CO_2 \quad \cdots\cdots(ii)$$

すべての中和反応が完了するのは，(ii)式の中和点である点 **G**⑦（第 2 中和点）である。このときの pH はおよそ 4 で，メチルオレンジ②の変色域②に入っている。

オ **思考の過程▶** (i)式より，第 1 中和点までに反応する $Na_2CO_3$ と HCl の物質量は等しい。

(i)式より，第 1 中和点までに反応する炭酸ナトリウムと塩化水素の物質量は等しい。したがって，希塩酸の濃度を $c$ [mol/L] とすると，グラフより第 1 中和点までに滴下した希塩酸は 8.0 mL であるから，次の関係が成りたつ。

$$\underbrace{c\,[\text{mol/L}]\times\frac{8.0}{1000}\,\text{L}}_{\text{HClの物質量}}=\underbrace{0.0500\,\text{mol/L}\times\frac{20.0}{1000}\,\text{L}}_{\text{Na}_2\text{CO}_3\text{の物質量}} \qquad c=\underline{0.125\,\text{mol/L}}②$$

① $NaHCO_3$ のように酸の H が残っている塩を酸性塩，$MgCl(OH)$ のように塩基の OH が残っている塩を塩基性塩という。

② メチルオレンジの変色域は，pH 3.1～4.4 である。この滴定では，色が橙黄色から赤色に変化する。

**077** ⑥

グラフ・図の読み取り方　　　　　　　　　　　　　　　　　　　（本冊 p.43）

図1のラベルが貼ってある3種類の飲料水 **X**〜**Z** のいずれかが，コップⅠ〜Ⅲにそれぞれ入っている。どのコップにどの飲料水が入っているかを見分けるために，BTB（ブロモチモールブルー）溶液と図2のような装置を用いて実験を行った。その結果を表1に示す。

**飲料水 X**

| 名称：ボトルドウォーター |
| :--- |
| 原材料名：水（鉱水） |

| 栄養成分（100 mL 当たり） | |
| :--- | ---: |
| エネルギー | 0kcal |
| たんぱく質・脂質・炭水化物 | 0g |
| ナトリウム | 0.8mg |
| カルシウム | 1.3mg |
| マグネシウム | 0.64mg |
| カリウム | 0.16mg |

| pH 値 8.8〜9.4　硬度 59mg/L |
| :--- |

**飲料水 Y**

| 名称：ナチュラルミネラルウォーター |
| :--- |
| 原材料名：水（鉱水） |

| 栄養成分（100 mL 当たり） | |
| :--- | ---: |
| エネルギー | 0kcal |
| たんぱく質・脂質・炭水化物 | 0g |
| ナトリウム | 0.4〜1.0mg |
| カルシウム | 0.6〜1.5mg |
| マグネシウム | 0.1〜0.3mg |
| カリウム | 0.1〜0.5mg |

pH 値 約7　硬度 約30mg/L

**飲料水 Z**

| 名称：ナチュラルミネラルウォーター |
| :--- |
| 原材料名：水（鉱水） |

| 栄養成分（100 mL 当たり） | |
| :--- | ---: |
| エネルギー | 0kcal |
| たんぱく質・脂質・炭水化物 | 0g |
| ナトリウム | 1.42mg |
| カルシウム | 54.9mg |
| マグネシウム | 11.9mg |
| カリウム | 0.41mg |

pH 値 7.2　硬度 約1849mg/L

> 飲料水 **Z** は，含まれる陽イオンの量が飲料水 **X** や **Y** よりも多い。

> 飲料水 **X** は塩基性である。

図　1

表1　実験操作とその結果

| | BTB 溶液を加えて色を調べた結果 | 図2の装置を用いて電球がつくか調べた結果 |
| :--- | :---: | :---: |
| コップⅠ | 緑 | ついた |
| コップⅡ | 緑 | つかなかった |
| コップⅢ | 青 | つかなかった |

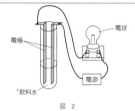

電極　電球　電源　飲料水

図　2

コップⅠ〜Ⅲに入っている飲料水 **X**〜**Z** の組合せとして最も適当なものを，次の①〜⑥のうちから一つ選べ。ただし，飲料水 **X**〜**Z** に含まれる陽イオンはラベルに示されている元素のイオンだけとみなすことができ，水素イオンや水酸化物イオンの量はこれらに比べて無視できるものとする。

| | コップⅠ | コップⅡ | コップⅢ |
| :---: | :---: | :---: | :---: |
| ① | X | Y | Z |
| ② | X | Z | Y |
| ③ | Y | X | Z |
| ④ | Y | Z | X |
| ⑤ | Z | X | Y |
| ⑥ | Z | Y | X |

**解説**

> 〔思考の過程 ▶〕BTB 溶液[1]を加えて色を調べた結果の違い
> 　→飲料水の pH 値の違いによる。
> 電球がつくか調べた結果の違い
> 　→飲料水に含まれる陽イオンの量の違いによる。

　表1より，コップⅠ，Ⅱに入っている飲料水は中性，コップⅢに入っている飲料水は塩基性であることがわかる。図1の pH 値を見ると，飲料水 **X** の pH 値が 8.8〜9.4 であることから，飲料水 **X** が塩基性であることが読み取れる。したがって，コップⅢに入っているのは飲料水 **X** である。

　また表1より，コップⅠに入っている飲料水だけが電気を通したことがわかる。図1のラベルに書かれているナトリウムやカルシウムなどは，陽イオンの形で存在していることから，飲料水 **Z** に含まれる陽イオンの質量は，飲料水 **X** や **Y** と比べて多い[2]ことが読み取れる。したがって，コップⅠに入っているのは飲料水 **Z** である。

　よって，飲料水 **X**〜**Z** の組合せとして最も適当なものは，⑥。

① BTB 溶液は，酸性で黄色，中性で緑色，塩基性で青色を示す。

② $Ca^{2+}$ や $Mg^{2+}$ を多く含む水を硬水という。図1の硬度を見ると，飲料水 **Z** の値が，飲料水 **X** や **Y** よりも大きくなっている。

**078** ④

**グラフ・図の読み取り方**

(本冊 *p.*45)

清涼飲料水の中には，酸化防止剤としてビタミン C（アスコルビン酸）$C_6H_8O_6$ が添加されているものがある。ビタミン C は酸素 $O_2$ と反応することで，清涼飲料水中の成分の酸化を防ぐ。このときビタミン C および酸素の反応は，次のように表される。

$$C_6H_8O_6 \longrightarrow C_6H_6O_6 + 2H^+ + 2e^-$$
ビタミン C　　　ビタミン C が
　　　　　　　酸化されたもの

$$O_2 + 4H^+ + 4e^- \longrightarrow 2H_2O$$

ビタミン C と酸素が過不足なく反応したときの，反応したビタミン C の物質量と，反応した酸素の物質量の関係を表す直線として最も適当なものを，右の①〜⑤のうちから一つ選べ。

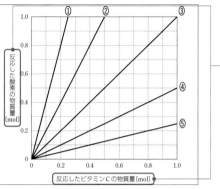

縦軸：反応した酸素の物質量 [mol]
横軸：反応したビタミン C の物質量 [mol]

問題文中に与えられた反応式を使って，反応したビタミン C と酸素の物質量の関係を導く。

**解説** 問題文に次のイオン反応式が与えられている。

$$C_6H_8O_6 \longrightarrow C_6H_6O_6 + 2H^+ + 2e^- \quad \cdots\cdots(i)$$
$$O_2 + 4H^+ + 4e^- \longrightarrow 2H_2O \quad \cdots\cdots(ii)$$

(i)式×2＋(ii)式により $e^-$ を消去すると，次のようになる。

$$2C_6H_8O_6 + O_2 \longrightarrow 2C_6H_6O_6 + 2H_2O$$

したがって，ビタミン C と酸素は物質量の比が 2：1 で反応するから，ビタミン C が 1.0 mol 反応するとき，酸素は 0.5 mol 反応する。

よって，最も適当なものは，④。

**079** a ④　b ④

**グラフ・図の読み取り方**

(本冊 *p.*45)

過マンガン酸カリウム $KMnO_4$ と過酸化水素 $H_2O_2$ の酸化剤あるいは還元剤としてのはたらきは，電子を含む次のイオン反応式で表される。

$$MnO_4^- + 8H^+ + 5e^- \longrightarrow Mn^{2+} + 4H_2O \quad \cdots\cdots(i)$$
$$H_2O_2 \longrightarrow O_2 + 2H^+ + 2e^- \quad \cdots\cdots(ii)$$

過酸化水素 $x$[mol] を含む硫酸酸性水溶液に過マンガン酸カリウム水溶液を加えたところ，酸素が発生した。この反応における加えた過マンガン酸カリウムの物質量と，未反応の過酸化水素の物質量との関係は，図のようになった。次の問い（**a・b**）に答えよ。

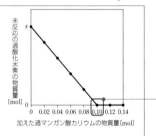

縦軸：未反応の過酸化水素の物質量 [mol]
横軸：加えた過マンガン酸カリウムの物質量 [mol]

加えた過マンガン酸カリウムの物質量が 0.10 mol になったとき，過酸化水素 $x$[mol] がすべて反応したと読み取る。

**a** 反応式(ii)における酸素原子の酸化数の変化として正しいものを，次の①〜⑤のうちから一つ選べ。
① 2 減る　② 1 減る　③ 変化しない　④ 1 増える　⑤ 2 増える

**b** 反応前の過酸化水素の物質量 $x$ は何 mol か。最も適当な数値を，次の①〜⑥のうちから一つ選べ。
① 0.010　② 0.025　③ 0.040　④ 0.25　⑤ 0.40　⑥ 1.0

**解説** **a** 反応式(ii)において，酸素原子の酸化数は，次のように変化する。

$$\underset{-1}{H_2O_2} \longrightarrow \underset{0}{O_2} + 2H^+ + 2e^-$$

よって，酸素原子の酸化数は<u>1 増える。</u>④

**b** 与えられたイオン反応式について，(i)式×2＋(ii)式×5 より，

$$2MnO_4^- + 5H_2O_2 + 6H^+ \longrightarrow 2Mn^{2+} + 5O_2 + 8H_2O$$

したがって，過マンガン酸カリウムと過酸化水素は物質量の比が 2：5 で反応する。0.10 mol の過マンガン酸カリウムと過不足なく反応する過酸化水素の物質量を $x$[mol] とすると，次の関係が成りたつ。

$$2：5＝0.10 \text{ mol}：x\text{[mol]} \qquad x＝\underline{0.25 \text{ mol}}_{④}$$

別解 過不足なく反応したとき,

**酸化剤が受け取る電子の物質量＝還元剤が失う電子の物質量**

であるから, 次の関係が成りたつ。

$$\underset{\substack{\text{KMnO}_4\text{が受け取}\\ \text{る電子の物質量}}}{0.10\,\text{mol}\times5} = \underset{\substack{\text{H}_2\text{O}_2\text{が失う}\\ \text{電子の物質量}}}{x\,[\text{mol}]\times2} \qquad x=\underline{0.25\,\text{mol}}_{④}$$

**080** 問1 ⑥　　問2 a ⑤ b ④　　問3 ③

**グラフ・図の読み取り方**　　　　　　　　（本冊 *p.*46〜47）

金属に関する次の文章を読み, 問い(問1〜3)に答えよ。

金属が単体として最初に取り出された年代は, ある文献によれば図1のように表される。図1の縦軸は, 採取した鉱石から金属単体を取り出すために必要なエネルギーを表し, このエネルギーは金属と酸素の結合の強さに関連している。金は, 図1に示す金属の中で最も酸素との結合が弱く, 鉱石中にも金属単体の状態で存在している。しかし, 鉱石の大部分は酸化物であり, これを ア して金属単体をつくる。(a)アルミニウム, 鉄, 銅の各酸化物を比較すると, 銅が最も酸素との結合が イ ので, 低い反応温度で金属単体をつくることができ, 早い時代から利用されてきた。銅は単体よりも青銅(ブロンズ)とよばれる合金として使用されるようになり, 青銅器時代が始まった。

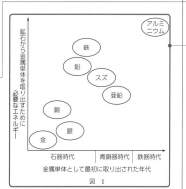
図 1

図1から, 金属単体を取り出すために必要なエネルギーが大きい金属ほど, 酸素との結合力が強いことを読み取る。

問1 空欄 ア と イ に入る語の組合せとして正しいものを, 次の①〜⑥のうちから一つ選べ。

| | ア | イ | | | ア | イ |
|---|---|---|---|---|---|---|
| ① | 酸化 | 強い | | ④ | 中和 | 弱い |
| ② | 酸化 | 弱い | | ⑤ | 還元 | 強い |
| ③ | 中和 | 強い | | ⑥ | 還元 | 弱い |

問2 鉄FeとアルミニウムAlのさびやすさについて調べるために, 図2に示すように鉄棒とアルミニウム棒を水や油に浸して室温で2日間放置した。その結果, **実験A**において, 鉄棒の水中にある部分からさびが生じているのが観察され, それ以外の部分では変化が見られなかった。**実験B・C**においては, 実験前後で金属に明瞭な変化が観察されなかった。この実験結果について, 次の問い(**a・b**)に答えよ。

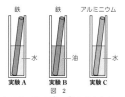
図 2

a 実験Aと実験Bの結果から明らかになったことについて正しいものを, 次の①〜⑤のうちから一つ選べ。

① 鉄は, 油に浸すほうが水に浸すよりさびやすい。
② 鉄は, 油に浸すほうが空気中に置くよりさびやすい。
③ 鉄は, 空気中に置くほうが油に浸すよりさびやすい。
④ 鉄は, 空気中に置くほうが水に浸すよりさびやすい。
⑤ 鉄は, 水に浸すほうが空気中に置くよりさびやすい。

b 次の文章中の空欄 ウ 〜 オ に入る語の組合せとして正しいものを, 右の①〜④のうちから一つ選べ。

図1からわかるように, ウ は酸素との結合が エ より オ ので, 空気中でもその金属表面が酸化されやすく, 酸化物の被膜が生成される。**実験A**と**実験C**の結果に違いがでたのは, ウ の表面を酸化物の被膜が覆ったため, 内部までさびるのを防いだからと考えられる。

| | ウ | エ | オ |
|---|---|---|---|
| ① | Fe | Al | 弱い |
| ② | Fe | Al | 強い |
| ③ | Al | Fe | 弱い |
| ④ | Al | Fe | 強い |

問3 下線部(a)に関して，アルミニウムを鉱石から取り出すためには，鉄よりも多くのエネルギーを必要とする。しかし，アルミニウムは鉄より融点が低いので，1回のリサイクルに必要なエネルギーは鉄より少ない。表1に示す条件において，鉄1kgをリサイクルする回数と，鉱石から積算した総エネルギーとの関係は，図3のグラフで表される。アルミニウム1kgを鉄1kgと同じ回数リサイクルするとき，何回以上リサイクルすると，鉱石から積算した総エネルギーが鉄より少なくなるか。最も適当な数値を，次の①〜⑤のうちから一つ選べ。

①  34     ②  40     ③  43     ④  50     ⑤  58

表　1

|  | 金属1kgを鉱石から取り出すために必要なエネルギー[kWh] | 金属1kgを1回リサイクルするために必要なエネルギー[kWh] |
|---|---|---|
| 鉄 | 3 | 1 |
| アルミニウム | 20 | 0.6 |

図3から，リサイクル回数と総エネルギーの関係が1次関数(直線のグラフ)になることを読み取る。鉱石から取り出すために必要なエネルギーが $y$ 切片，1回リサイクルするために必要なエネルギーが傾きとなる。アルミニウムについて，鉄と同様に考える。

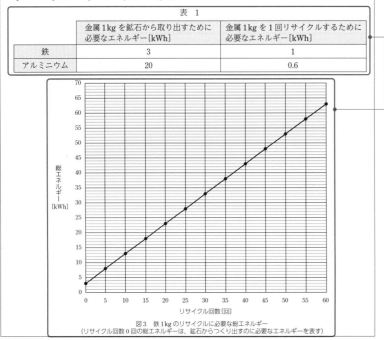

図3　鉄1kgのリサイクルに必要な総エネルギー
(リサイクル回数0回の総エネルギーは，鉱石からつくり出すのに必要なエネルギーを表す)

解説

問1　思考の過程 ▶ 金属単体を取り出すために必要なエネルギー 大
　　　　　　　　　 ＝ 酸素との結合 強

ア　鉱石中の酸化物を還元して，金属の単体を取り出す。

イ　問題文より，酸素との結合が強い金属ほど，鉱石から金属単体を取り出すために必要なエネルギーが大きいことが読み取れる。アルミニウム[①]，鉄，銅のうち，銅は，単体を取り出すために必要なエネルギーが最も小さいので，酸素との結合は最も弱いと考えられる。

よって，組合せとして正しいものは，⑥。

問2　a ✕①鉄は，油に浸すほうが水に浸すより<u>さびやすい</u>。

　→実験AとBを比較すると，鉄は油に浸すほうが水に浸すよりさびにくいとわかる。

✕②鉄は，<u>油に浸すほうが空気中に置くよりさびやすい</u>。

　→実験Bにおいて，空気中(液面上に出ている部分)と油中の両方で鉄に変化がみられなかったことから，油に浸すほうが空気中に置くよりさびやすいと判断することはできない。

✕③鉄は，<u>空気中に置くほうが油に浸すよりさびやすい</u>。

　→②と同様，実験Bにおいて，空気中と油中の両方で鉄に変化がみられなかったことから，空気中に置くほうが油に浸すよりさびやすいと判断することはできない。

①アルミニウムは酸素との結合が強く，酸化アルミニウムの融点は非常に高い。単体を取り出すには，融解した氷晶石に溶かすことで融点を下げ，電気分解を行う。このような方法を**溶融塩電解**という。

✕④鉄は，空気中に置くほうが水に浸すよりさびやすい。

→実験 **A** において，水中にある部分からさびが生じ，空気中にある部分からは生じなかったことから，鉄は空気中に置くほうが水に浸すよりさびにくいとわかる。

○⑤実験 **A** において，水中にある部分からさびが生じ，空気中にある部分からは生じなかったことから，水に浸すほうが空気中に置くよりさびやすいとわかる。

よって，正しいものは，⑤。

**b** 実験 **A** と実験 **C** の結果より，実験 **C** においてアルミニウムがさびなかったことから，　ウ　は「Al②」である。また，図 1 より，アルミニウムのほうが鉄よりも酸素との結合が強い。したがって，　エ　は「Fe」，　オ　は「強い」となる。

よって，組合せとして正しいものは，④。

**問3**　問題文，表 1，図 3 より，金属 1kg について，リサイクル回数を $x$ 回，鉱石から積算した総エネルギーを $y$ kWh とすると，$y=ax+b$ の関係が成りたっていることがわかる。ここで，

　　傾き $a$

　　　：金属 1kg を 1 回リサイクルするために必要なエネルギー〔kWh〕

　　$y$ 切片 $b$

　　　：金属 1kg を鉱石から取り出すために必要なエネルギー〔kWh〕

である。実際，図 3 の鉄のグラフに着目すると，傾き $a$ が 1，$y$ 切片 $b$ が 3 であることがわかる。したがって，鉄 1kg とアルミニウム 1kg について，リサイクル回数 $x$ (回)と総エネルギー $y$ (kWh)の関係式は，表 1 から，それぞれ次のように表すことができる。

　　Fe：$y=x+3$

　　Al：$y=0.6x+20$

　Al の直線を図 3 に書き入れると，右のようになる。二つの直線の式より，交点は $(x, y)=(42.5, 45.5)$ となる。したがって，リサイクル回数が 42.5 回を超えると，鉄よりもアルミニウムのほうが総エネルギーが少なくなる。

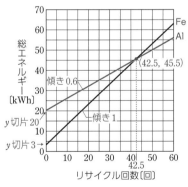

　よって，求める回数は，43 回⑨(以上)である。

**別解**　二つの直線の式より，鉄よりアルミニウムの総エネルギーが少なくなるのは，

　　$\underset{\text{Fe の総エネルギー}}{x+3}\quad>\quad\underset{\text{Al の総エネルギー}}{0.6x+20}$

　　　　$x>42.5$

　よって，求める回数は，43 回⑨(以上)である。

②問題文にもある通り，アルミニウムは，鉄よりもイオン化傾向が大きいが，空気中では表面が酸化物の被膜で覆われて内部が保護されるので，鉄よりもさびにくい。

## Ⅳ　読解問題

**081** 問1 **④**　　問2 **①, ③**

（問題文の読み方）　　　　　　　　　　　　　　　　　　　　（本冊 *p.*50）

次の文章は，母と小学生の息子の朝の会話である。この会話文を読み，問い（問1・2）に答えよ。

母　：もう起きないと遅刻するよ！
息子：えっ，こんな時間。なんでもっと早く起こしてくれなかったの！
母　：何度も声をかけたけど，全然起きないじゃない。それより，早くご飯を食べなさい。
息子：おなかすいてないよ！
母　：食べられるものを食べなさい。牛乳は必ず飲んで，ₐカルシウムをとりなさい。
息子：わかったよ。食べるよ！
母　：食べ終わったら，歯を磨きなさい。歯磨き粉の♭フッ素が虫歯を防ぐから。
息子：は〜い。そうだ，明日，理科の授業でゴム風船を使うから，買っておいて！
母　：ゴム風船？　何をするの？
息子：風船に꜀ヘリウムを入れて浮かせるんだって。
母　：面白そうね。スーパーで買ってくるよ。
息子：風船といえば，今度友達と꜀水風船で遊ぶ約束をしたんだ。ついでに水風船もお願い！

> 「牛乳に含まれる「カルシウム」は金属のカルシウムのことだろうか」と考える。

> 「歯磨き粉に含まれる「フッ素」は気体のフッ素のことだろうか」と考える。

> 「風船に入れる「ヘリウム」は気体のヘリウムのことだろうか」と考える。

問1　下線部a〜cのうち，単体ではなく元素を指しているものはどれか。すべてを正しく選択しているものを，次の①〜⑦のうちから一つ選べ。
①a　②b　③c　④a・b　⑤a・c　⑥b・c　⑦a・b・c

問2　下線部dについて，水分子を構成する水素原子と酸素原子には，それぞれ次の表のような同位体が存在する。水分子に関する記述として正しいものを，下の①〜⑤のうちから二つ選べ。ただし，存在する同位体は表に記載されているもののみであるとする。

> 元素記号から原子番号（＝陽子の数）がわかる。また，元素記号の左上の数字から，質量数を読み取る。

| 同位体 | 存在比 |
|---|---|
| $^1$H | 99.9885 % |
| $^2$H | 0.0115 % |
| $^{16}$O | 99.757 % |
| $^{17}$O | 0.038 % |
| $^{18}$O | 0.205 % |

① 水分子は，全部で9種類存在する。
② すべての水分子について，含まれる陽子の数は18個である。
③ 最も多く存在する水分子は，$^1$H$_2$$^{16}$O である。
④ 最も質量の大きい水分子は，$^2$H$_2$$^{17}$O である。
⑤ $^1$H$^2$H$^{16}$O と $^1$H$_2$$^{16}$O の存在比は，ほぼ等しい。

**解説**　問1　**a** 元素①。牛乳に含まれている「カルシウム」は，単体②の Ca（金属）ではなく，カルシウムを成分として含む化合物のことを表している。

**b**　元素。歯磨き粉に含まれている「フッ素」は，単体の F$_2$（気体）ではなく，フッ素を成分として含む化合物（フッ化ナトリウム NaF など）のことを表している。

**c**　単体。風船に入れる「ヘリウム」は，単体の He（気体）のことを表している。

よって，すべてを正しく選択しているものは，**④**。

問2　
> **思考の過程▶** 2種類の水素原子と3種類の酸素原子からできる水分子の種類を考える。また，水分子の存在比は，水素原子の存在比と酸素原子の存在比の積である。

**○①** 水素原子の同位体の組合せは，$^1$H$_2$O，$^2$H$_2$O，$^1$H$^2$HO の3種類が考えられる。酸素原子の同位体についても，$^{16}$O，$^{17}$O，$^{18}$O の3種類が考えられるので，水分子は 3×3＝9 種類③考えられる。
**✗②** すべての水分子について，含まれる陽子の数は <u>18 個</u>である。

①物質を構成している原子の種類。

②1種類の元素だけからなる純物質。

③具体的には次の9種類が考えられる。

| | |
|---|---|
| $^1$H－$^{16}$O－$^1$H　$^1$H－$^{16}$O－$^2$H<br>$^2$H－$^{16}$O－$^2$H | ←酸素が $^{16}$O |
| $^1$H－$^{17}$O－$^1$H　$^1$H－$^{17}$O－$^2$H<br>$^2$H－$^{17}$O－$^2$H | ←酸素が $^{17}$O |
| $^1$H－$^{18}$O－$^1$H　$^1$H－$^{18}$O－$^2$H<br>$^2$H－$^{18}$O－$^2$H | ←酸素が $^{18}$O |

→水素原子の陽子の数は 1 個，酸素原子の陽子の数は 8 個であるので，水分子 $H_2O$ に含まれる陽子の数は，$1×2+8=10$ 個[4]。

○③問題文の表より，水素原子のほとんどは $^1H$，酸素原子のほとんどは $^{16}O$ であるので，最も多く存在する水分子 $H_2O$ は，$^1H_2^{16}O$[5]である。

✕④最も質量の大きい水分子は，$^2H_2^{17}O$ である。

→各原子の質量数（元素記号の左上の数字）を考える[6]。最も質量数の大きい水素原子は $^2H$，酸素原子は $^{18}O$ であるので，最も質量の大きい水分子は，$^2H_2^{18}O$ である。

✕⑤$^1H^2H^{16}O$ と $^1H_2^{16}O$ の存在比は，<u>ほぼ等しい</u>。

→2 つの分子で $^1H$ と $^{16}O$ が共通で，$^2H$ よりも $^1H$ のほうが圧倒的に多く存在するので，$^1H^2H^{16}O$ よりも $^1H_2^{16}O$ のほうが多く存在する。

よって，正しいものは，①，③。

[4]同位体どうしは，中性子の数は異なるが，陽子の数は同じである。

[5]$^1H_2^{16}O$ 分子の存在比は，$^1H$ 原子 2 個と $^{16}O$ 原子 1 個の存在比の積により計算すると 99％以上となる。

[6]原子の質量は，その原子の質量数にほぼ比例する。したがって，質量数が大きい原子ほど質量が大きいと考えてよい。

---

**082** 問1　⑤　　問2　①　　問3　②

**問題文の読み方**　　　　　　　　　　　（本冊 *p.51*）

次の文章を読み，問い（問1〜3）に答えよ。

　日本の製塩法に関心をもったアニーさんは，$_a$昔の製塩法を伝える施設を訪れた。最初に，古代製塩法の「藻塩焼き」を見学した。海水を大量に含ませた玉藻（＝ホンダワラ）を壺に入れて外から焚き火で焼く製塩法で，$_b$あまりべとつかない塩ができることを知った。次に，太陽エネルギーを利用して海水を濃縮する入り浜式塩田法の模型を見学した。自然をうまく利用したこの方法により，塩を大量に生産することが可能になったが，天候に左右される欠点があった。

　後日，アニーさんは，現在の日本における製塩法についてインターネットで調べたところ，海水中の$_c$ナトリウムイオンと塩化物イオンの特性を利用したイオン交換膜法によって海水を濃縮して製塩が行われていることを知った。

問1　下線部 **a** の製塩法では，海水から水を蒸発させて食塩を作っていた。水の蒸発に関連する記述として適当でないものを，次の①〜⑤のうちから一つ選べ。
① 水が加熱されて沸騰しているときは，加熱中であるにもかかわらず，水の温度は上昇しない。
② 水が加熱されて沸騰しているときは，水と水蒸気が共存している。
③ 水は，100℃以下でも蒸発する。
④ 水が蒸発する現象は，状態変化である。
⑤ 水蒸気の密度は，液体の水の密度に等しい。

> 水の蒸発に着目するとき，「沸騰」と「蒸発」の意味の違いを意識する。

問2　下線部 **b** に関して，べとつく原因の一つは，海水中の塩化マグネシウムである。<u>塩化マグネシウム水溶液と塩化ナトリウム水溶液とを区別する方法</u>として最も適当なものを，次の①〜④のうちから一つ選べ。
① それぞれの水溶液の炎色反応を調べる。
② それぞれの水溶液にヨウ素液を加える。
③ それぞれの水溶液に塩酸を加える。
④ それぞれの水溶液にフェノールフタレイン溶液を加える。

> 陰イオンはともに $Cl^-$ なので，陽イオンの $Na^+$ と $Mg^{2+}$ を区別する方法を考える。

問3　下線部 **c** のナトリウムイオンに関する説明として最も適当なものを，次の①〜⑤のうちから一つ選べ。
① 最外殻に配置されている電子は 1 個である。
② M 殻に電子がない。
③ 陽子の数より電子の数が多い。
④ 原子核に中性子がない。
⑤ マグネシウム原子と電子配置が同じである。

> Na 原子が $Na^+$ になるとき，電子配置，陽子の数，中性子の数，電子の数は変わるのかどうかを整理する。

[解説]　問1　○①液体を加熱すると，沸点で沸騰が起こり，液体が気体に変化する。純物質の場合，液体が沸騰している間は，すべて気体になるまで温度は一定となる。

○②液体が沸騰しており，温度が一定になっている間は，液体と気体が共存している[1]。

①沸点では「液体と気体」が，融点では「固体と液体」が共存している。

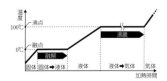

○③水は 100℃まで加熱すると沸騰して内部から気体が発生するが，常温でも水面からの蒸発②は起こる。

○④水が蒸発する現象や，氷がとける現象は，状態変化である。

×⑤水蒸気の密度は，液体の水の密度に<u>等しい</u>。

  →水が水蒸気に変化するとき，質量は変わらないが，体積はかなり大きくなる。同じ質量で比べたとき，体積が大きいほど密度は小さいことから，水蒸気の密度は，液体の水の密度より小さい。

よって，適当でないものは，⑤。

②沸騰：液体内部から気体を発生する現象。<br>蒸発：液体が気体に変化する現象。

問2  **思考の過程▶** アルカリ金属やアルカリ土類金属，銅などのイオンを含む水溶液の成分を検出する方法として代表的なものは何かを考える。

  →炎色反応

○①炎色反応により塩化ナトリウム水溶液は黄色を示すが，塩化マグネシウム水溶液は炎色反応を示さない③ので，2 種類の水溶液を区別することができる。

×②ヨウ素液は，デンプンの検出に利用されるものであるから，加えても 2 種類の水溶液を区別することはできない。

×③塩化マグネシウム水溶液や塩化ナトリウム水溶液に塩酸を加えても，変化は起こらないので，2 種類の水溶液を区別することはできない。

×④フェノールフタレイン溶液は，塩基性の水溶液に加えると赤色になる pH 指示薬である。加えても変化は起こらないので，2 種類の水溶液を区別することはできない。

よって，最も適当なものは，①。

③2 族元素のうち，Ca，Sr，Ba は炎色反応を示すが，Be，Mg は炎色反応を示さない。

問3  **思考の過程▶** ナトリウム原子 Na の M 殻にある 1 個の価電子はとれやすく，ナトリウム原子はナトリウムイオン $Na^+$ になりやすい。

×①最外殻に配置されている電子は<u>1 個</u>である。

  → $Na^+$ は，Na から電子 1 個がとれてできるイオンである。したがって，最外殻に配置されている電子は 8 個である④。

○② $Na^+$ の電子配置は，K 殻に 2 個，L 殻に 8 個である。M 殻には電子がない。

×③陽子の数より電子の数が<u>多い</u>。

  → $Na^+$ の陽子の数は 11，電子の数は 10 である。したがって，陽子の数より電子の数が少ない。

×④原子核に中性子が<u>ない</u>。

  →原子がイオンになるとき，電子の数は変化するが，陽子の数や中性子の数は変わらない。よって，$Na^+$ の原子核には中性子がある。

×⑤マグネシウム原子と電子配置が<u>同じ</u>である。

  → $Na^+$ と電子配置が同じなのは，Mg 原子ではなく $Mg^{2+}$ である。

よって，最も適当なものは，②。

④Na と $Na^+$ の電子配置

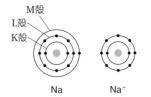

    Na       $Na^+$

**083**　問1　③　　　問2　②　　　問3　⑤　　　問4　④

問題文の読み方　　　　　　　　　　　　　　　（本冊 *p.*54）

次の文章を読み，問い（問1〜4）に答えよ。

　18世紀末にフランスのラボアジエは，密閉容器と天秤を用いて物質の燃焼について詳しく調べた。その結果「(a)化学変化の前後において，物質の質量の総和は変化しない」ことを見出し，これを質量保存の法則とした。またプルーストは，天然の炭酸銅と，実験室で合成した炭酸銅の成分の質量比が一定であることから，「(b)化合物中の成分元素の質量比は，常に一定である」とし，これを定比例の法則と唱えた。19世紀に入るとすぐに，イギリスのドルトンは「(c)同じ二種類の元素からなる異なった化合物AとBにおいて，一方の元素の一定質量に化合するもう一方の元素の質量比は，簡単な整数比になる」という倍数比例の法則を提唱した。また，ドルトンはこれらの法則を理解するために，「(d)物質は，それ以上に分割できない粒子によって構成され，化合物はその粒子が一定の個数ずつ結合したものである」とした。この考え方は，ドルトンの原子説とよばれた。

　同じ頃，フランスのゲーリュサックは気体どうしの反応を詳しく調べることで，「(e)気体どうしの反応や，反応によって気体が生成するとき，それらの気体の体積の間には簡単な整数比が成りたつ」という気体反応の法則を発見した。しかし，この法則はドルトンの原子説と矛盾する実験結果を含んでおり，物質の構成に関する新たな問題が提起された。この論争中に，イタリアのアボガドロは，いくつかの粒子が結合し一つの単位となる考え方を導入し，「気体は同温・同圧のとき，同体積中に同数の分子が含まれている」と提唱した。この考え方は，アボガドロの分子説とよばれ，化学における多くの基本法則を理解する上での礎となった。

> ゲーリュサックが気体反応の法則を発見したのは，アボガドロの分子説が発表される少し前であったと読み取れる。

問1　下線部(a)に関して，ある気体を完全燃焼させたとき，二酸化炭素44g，水蒸気27gが得られた。この気体を次の①〜④のうちから一つ選べ。H=1.0，C=12，O=16
　　① エチレン $C_2H_4$　　② メタン $CH_4$　　③ エタン $C_2H_6$　　④ プロパン $C_3H_8$

> 選択肢から，ある気体とは炭化水素であると読み取る。

問2　下線部(b)に関して，定比例の法則によって説明される実験結果を，次の①〜⑤のうちから一つ選べ。
　　① 亜鉛327gと酸素80gから酸化亜鉛407gが生成した。
　　② 蒸留水1Lと燃焼から得た水1Lに含まれる酸素と水素の質量比が同じだった。
　　③ 同温・同圧の窒素1Lと水素3Lからアンモニア2Lが生成した。
　　④ 同温・同圧の窒素1Lと酸素1L中に含まれる分子の数が同じだった。
　　⑤ 一酸化炭素と二酸化炭素とでは，一定量の炭素と化合する酸素の質量比は1：2であった。
問3　下線部(c)に関して，倍数比例の法則によって説明される実験結果を，問2の①〜⑤のうちから一つ選べ。
問4　下線部(e)に関して，同温・同圧の気体である水素と酸素から水蒸気が生成するとき，水素と酸素と水蒸気の体積比は2：1：2となった。この実験結果は，ゲーリュサックの発見した気体反応の法則に従っているが，下線部(d)に示されるドルトンの原子説と矛盾している。どのように矛盾しているかを次のように図で説明するとき，水蒸気の部分に当てはまる図として最も適当なものを，右の①〜④のうちから一つ選べ。

**解説**

問1

> 思考の過程 ▶ ある気体は，選択肢より炭化水素であることがわかる。炭化水素の分子式を $C_nH_m$ とおき，その完全燃焼の化学反応式[1]をつくる。化学反応式の係数と生じた二酸化炭素や水の物質量から炭化水素の分子式を求める。

　ある気体の分子式を $C_nH_m$ とすると，その完全燃焼の化学反応式は次のように表される。

$$C_nH_m + \left(n+\frac{m}{4}\right)O_2 \longrightarrow n\,CO_2 + \frac{m}{2}\,H_2O$$

　ある気体が $x$ [mol]完全燃焼したとき，発生する二酸化炭素（分子量44）の物質量は $nx$ [mol]であるから，次の式が成りたつ。

$$nx\,[\text{mol}] = \frac{44\,\text{g}}{44\,\text{g/mol}} \qquad \cdots\cdots(\text{i})$$

[1]物質が完全燃焼するとき，成分元素のCは $CO_2$ に，Hは $H_2O$ になる。

また，ある気体が $x$〔mol〕完全燃焼したとき，生じる水（分子量 18）の物質量は $\frac{m}{2}x$〔mol〕であるから，次の式が成りたつ。

$$\frac{m}{2}x\text{〔mol〕}=\frac{27\,\text{g}}{18\,\text{g/mol}} \qquad \cdots\cdots\text{(ii)}$$

(i)，(ii)式より， $n:m=\dfrac{1.0}{x}:\dfrac{3.0}{x}=1:3$

選択肢のうち，これに当てはまる分子式は，$\underline{C_2H_6}_{\,③}$。

**問2** ✗① 反応物である亜鉛 327 g と酸素 80 g の質量の和が，生成物である酸化亜鉛 407 g の質量と等しいので，この実験結果は，質量保存の法則によって説明される。

○② 蒸留水と燃焼から得た水において，成分元素である酸素と水素の質量比が同じであったので，この実験結果は，定比例の法則によって説明される。

✗③ 窒素と水素とアンモニアの体積比が 1：3：2 と簡単な整数比になっているので，この実験結果は，気体反応の法則によって説明される。

✗④ 同温・同圧で，同体積の窒素と酸素に含まれる分子の数が同じであったので，この実験結果は，アボガドロの分子説によって説明される。

✗⑤ 一酸化炭素と二酸化炭素において，一定量の炭素と化合する酸素の質量比が 1：2 と簡単な整数比であったことから，この実験結果は，倍数比例の法則によって説明される。

よって，定比例の法則によって説明される実験結果は，②。

**問3** 問2より，倍数比例の法則によって説明される実験結果は，⑤。

**問4** 気体反応の法則より，同温・同圧の水素と酸素から水蒸気が生成するとき，水素と酸素と水蒸気の体積比は 2：1：2 となる。水素原子 2 個と酸素原子 1 個から 2 体積分の水蒸気が生成するには，水素原子 1 個に対して酸素原子を半分に分割して結合させることになる[①]。しかし，これは，「物質はそれ以上に分割できない粒子によって構成される」というドルトンの原子説に矛盾している。

アボガドロが分子説を発表したことにより，気体反応の法則は矛盾なく説明できるようになった。

よって，矛盾している図として，水蒸気の部分に入る図は，酸素原子が分割されている④である。

<ゲーリュサックの仮説とドルトンの原子説の矛盾>

<アボガドロの分子説による気体反応の法則の説明>

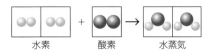

①気体反応の法則が発表されたのは，アボガドロの分子説が発表される少し前であったので，分子を使って説明することができない。

**084** 問1 | 1 | ④ | 2 | ③ | 3 | ① | 4 | ⑧ 問2 | 5 | ③ | 6 | ① | 7 | ⑥

問題文の読み方 （本冊 $p.55$）

次の文章を読み，問い（問1・2）に答えよ。

リカさんは，家庭で利用されている燃料用ガスに関心をもち，その原料や化学的性質について調べた。その結果，原料として最近は，メタンを主成分とする天然ガスと，プロパンを主成分とする石油ガスが主に用いられており，これらのガスが単独で，あるいは混合されて，燃料用ガスとして家庭へ供給されることがわかった。また，化学の参考書から，「同温・同圧のもとで，1L中に含まれる気体分子の数は，その種類にかかわらず等しい」ことを調べ，次に示す水素および炭化水素に関するデータを集めた。

> 天然ガスはメタン，石油ガスはプロパンであるとみなせる。

| 気体名 | 分子式 | 燃焼による気体1L当たりの発熱量 $H$〔kJ/L〕 |
|---|---|---|
| 水　素 | $H_2$ | 10 |
| メタン | $CH_4$ | 40 |
| エタン | $C_2H_6$ | 70 |
| プロパン | $C_3H_8$ | 100 |

問1 次の文章中の | 1 | ～ | 4 | に入れる数値あるいは語句として最も適当なものを，下の①～⑧のうちから一つ選べ。ただし，同じものを繰り返し選んでもよい。
　リカさんは，炭化水素の燃焼の化学反応を考えた。まず，メタンを例として，燃焼を化学反応式で表した。
$$CH_4 + \boxed{1}\,O_2 \longrightarrow CO_2 + 2H_2O$$
　また，表中の炭化水素の場合，1分子に含まれる炭素原子の数を $X$ で表すと，水素原子の数は，$2X+2$ になることに気がついた。この関係を用いると，炭化水素が燃焼するために必要な酸素分子（$O_2$）の数 $Y$ と，炭素原子の数 $X$ との関係は次の式となった。
$$Y = \boxed{2}\,X + \boxed{3} \quad \cdots\cdots(i)$$
　(i)式から，石油ガスは天然ガスと比べて，体積1Lのガスを燃焼した場合の酸素の消費量が | 4 | ことがわかった。

> 表中の炭化水素の分子式を $C_XH_{2X+2}$ と表すことができる。

> 問題文中に「同温・同圧のもとで，1L中に含まれる気体分子の数は，その種類にかかわらず等しい」とあることから，同じ数の炭化水素分子を燃焼した場合と読み取る。

① $\dfrac{1}{2}$ ② 1 ③ $\dfrac{3}{2}$ ④ 2 ⑤ 3 ⑥ 少ない ⑦ 等しい ⑧ 多い

問2 次の文章中の | 5 | ～ | 7 | に入れる数値あるいは語句として最も適当なものを，下の①～⑧のうちから一つ選べ。ただし，同じものを繰り返し選んでもよい。
　リカさんは，燃焼による発熱と二酸化炭素の生成について考えた。表中の炭化水素1L当たりの発熱量 $H$ を，$X$ を用いると，次の式で表せた。
$$H = \boxed{5}\,X + \boxed{6} \quad \cdots\cdots(ii)$$
　炭化水素1Lに含まれる気体分子の数を $n$ とすると，炭化水素1Lの燃焼により，$nX$ 個の二酸化炭素が生じる。(ii)式の両辺を $nX$ で割ると，生成する二酸化炭素1分子当たりの発熱量が得られる。その結果，石油ガスでは，天然ガスと比べて，二酸化炭素1分子当たりの発熱量は | 7 | ことがわかった。

① 10 ② 20 ③ 30 ④ 40 ⑤ 50 ⑥ 小さい ⑦ 等しい ⑧ 大きい

解説

問1　思考の過程▶ 炭化水素の分子式を $C_XH_{2X+2}$ として，$X$ と $Y$ を用いて，炭化水素の燃焼の化学反応式をつくり，$X$ と $Y$ の関係式を求める。

1 　与えられた化学反応式の右辺の酸素原子の数は4であるから，左辺の酸素分子の係数は $\underline{2}_{④}$ である。

2 , 3 　炭化水素の分子式を $C_XH_{2X+2}$ として，炭化水素の燃焼を化学反応式で表すと，次のようになる。
$$C_XH_{2X+2} + YO_2 \longrightarrow XCO_2 + (X+1)H_2O$$
両辺の酸素原子の数は等しいので，$2Y = 2X + (X+1)$

よって，$Y = \dfrac{3}{2}_{③}X + \dfrac{1}{2}_{①}$ 　……(i)

4 　石油ガスの主成分はプロパンであることから，1分子に含まれる炭素原子の数 $X$ は3と考えられる。これを(i)式に代入すると，
$$Y = \frac{9}{2} + \frac{1}{2} = 5$$

天然ガスの主成分はメタンであることから，1分子に含まれる炭素原子の数 $X$ は1と考えられる。これを(i)式に代入すると，

$$Y=\frac{3}{2}+\frac{1}{2}=2$$

$Y$ は炭化水素が燃焼するために必要な酸素分子の数であるから，同じ数の炭化水素分子[①]を燃焼した場合，石油ガスは天然ガスと比べて，酸素の消費量が多い[⑧]。

①問題文中に「同温・同圧のもとで，1L中に含まれる気体分子の数は，その種類にかかわらず等しい」とある。これをアボガドロの法則という。

問2　**思考の過程▶** 発熱量 $H$ について，$H=aX+b$ とし，表中の値を代入して連立方程式をつくる。

[5]，[6]　$H=aX+b$ とすると，

表中のメタン($X=1$)の発熱量より，$a+b=40$
表中のエタン($X=2$)の発熱量より，$2a+b=70$

この連立方程式を解くと，$a=30$，$b=10$

したがって，$H=30\underset{⑤}{}X+10\underset{①}{}$　……(ii)

[7]　(ii)式の両辺を $nX$ で割ると，

$$\frac{H}{nX}=\frac{30}{n}+\frac{10}{nX}$$

よって，二酸化炭素1分子当たりの発熱量は炭素原子の数 $X$ が大きいほど小さくなる。したがって，石油ガス(プロパン)は，天然ガス(メタン)と比べて，二酸化炭素1分子当たりの発熱量は小さい[⑥]。

## 085 ②

**問題文の読み方**　　　　　　　　　　　　(本冊 p.57)

A～Dは，KOH，Ba(OH)₂，HCl，CH₃COOH のいずれかの水溶液である。各水溶液は，同数のKOH，Ba(OH)₂，HCl，CH₃COOH を溶かして同体積にしてある。次の**実験結果**Ⅰ・Ⅱから，水溶液 A と B の組合せとして正しいものを，下の①～④のうちから一つ選べ。
<実験結果>
Ⅰ　A と D は酸性で，A のほうが D よりも pH が小さかった。また，B と C は塩基性だった。
Ⅱ　10mL の A に，B または C を滴下したところ，B は 5mL，C は 10mL で中和した。

| | A | B |
|---|---|---|
| ① | HCl | KOH |
| ② | HCl | Ba(OH)₂ |
| ③ | CH₃COOH | KOH |
| ④ | CH₃COOH | Ba(OH)₂ |

1価の強塩基(KOH)，2価の強塩基(Ba(OH)₂)，1価の強酸(HCl)，1価の弱酸(CH₃COOH)のいずれかであると読み取る。

A～D の水溶液のモル濃度は同じであると読み取る。

**解説**　**思考の過程▶** 中和の量的関係より，滴定に要した塩基の体積を求め，水溶液 B と C を決定する。

**実験結果Ⅰより**，A は強酸の HCl の水溶液，D は弱酸の CH₃COOH の水溶液[①]であることがわかる。また，B と C は塩基性であったことから，KOH の水溶液または Ba(OH)₂ の水溶液であることがわかる。

**実験結果Ⅱより**，すべての水溶液の濃度を $c$[mol/L]として，10mL の A(HCl の水溶液)とちょうど中和する KOH の水溶液の体積を $v_1$[mL]，Ba(OH)₂ の水溶液の体積を $v_2$[mL]とすると，中和の量的関係[②]より，

$$\underbrace{1\times c\,[\text{mol/L}]\times\frac{10}{1000}\text{L}}_{\text{HClから生じるH}^+}=\underbrace{1\times c\,[\text{mol/L}]\times\frac{v_1}{1000}\text{[L]}}_{\text{KOHから生じるOH}^-}\qquad v_1=10\,\text{mL}$$

$$\underbrace{1\times c\,[\text{mol/L}]\times\frac{10}{1000}\text{L}}_{\text{HClから生じるH}^+}=\underbrace{2\times c\,[\text{mol/L}]\times\frac{v_2}{1000}\text{[L]}}_{\text{Ba(OH)}_2\text{から生じるOH}^-}\qquad v_2=5\,\text{mL}$$

①25℃で，0.1mol/L の塩酸の pH は1，0.1mol/L の酢酸水溶液の pH はおよそ3である。

②酸の(価数×濃度[mol/L]×体積[L])＝塩基の(価数×濃度[mol/L]×体積[L])

したがって，**B** は Ba(OH)$_2$ の水溶液，**C** は KOH の水溶液であることがわかる。

よって，水溶液 **A** と **B** の組合せとして正しいものは，②。

## 086 ④

### 問題文の読み方

（本冊 *p.*57）

秋の日に紅子と葉子が，カエデの葉の色素について話し合っている。

紅子：このカエデの葉も赤くなったね。
葉子：カエデの赤い色を出す物質の性質を調べてみようよ。
紅子：赤いカエデの葉をメタノールに浸けたら液が赤くなったね。このメタノール溶液（**溶液 A**）を，酸性や塩基性の水溶液に加えてみようよ。
葉子：酸性の水溶液に加えたら赤い溶液（**溶液 B**）になったけど，塩基性の水溶液に加えたら緑の溶液（**溶液 C**）になるね。pH 指示薬と同じように色が変化しているのかな。
紅子：それなら，化学変化で色が変わったのね。

　**溶液 A**～**C** を使って，赤いカエデの葉に含まれている色素が pH 指示薬の性質をもつことを確かめたい。そのための実験方法と予想される結果として最も適当なものを，次の①～⑤のうちから一つ選べ。
① **溶液 A** を沸騰するまで加熱すると，緑色になる。
② 蒸留水に**溶液 B** を加えると，緑色になる。
③ 強い塩基性の水溶液に**溶液 B** を少量加えると，無色になる。
④ 強い酸性の水溶液に**溶液 C** を少量加えると，赤色になる。
⑤ **溶液 B** に**溶液 C** を加えると，発熱する。

> カエデの葉の色素が，酸性で赤色，塩基性で緑色になることを読み取る。

> 「pH 指示薬の性質」とは，酸性から塩基性，または塩基性から酸性にしたときに，色が変化することである。

**解説**　思考の過程 ▶ pH 指示薬の性質をもつことを確かめる。
→酸性から塩基性，または塩基性から酸性にしたときに色が変化することを確認する。

会話文から，赤いカエデの葉に含まれている色素は，酸性のときに赤色，塩基性のときに緑色になると予想される。

✗① 加熱して変化を観察しても，pH 指示薬であることを確認することはできないから，実験方法として不適当である（問題文にも，加熱に関する記述はない）。**溶液 A** が緑色になるのは，沸騰するまで加熱したときではなく，塩基性にしたときである。

✗② 蒸留水に**溶液 B** を加えても酸性のままで，色の変化を観察できないから，実験方法として不適当である。**溶液 B** が緑色になるのは，中性の蒸留水ではなく，塩基性の水溶液に加えたときである。

✗③ 強い塩基性の水溶液に**溶液 B** を少量加えると，塩基性になる。よって，水溶液は無色ではなく，緑色になる。

○④ 強い酸性の水溶液に**溶液 C** を少量加えると，酸性になる。よって，水溶液は赤色になる。

✗⑤ **溶液 B** と**溶液 C** を混ぜて発熱を観察しても，pH 指示薬であることを確認できない[1]から，実験方法として不適当である（問題文にも，発熱に関する記述はない）。

よって，正しいものは，④。

[1]酸性の**溶液 B** と塩基性の**溶液 C** を混合すると中和熱が発生するので，現象としては正しい。

**087**　問1　$\boxed{1}$ ⑤　$\boxed{2}$ ④　$\boxed{3}$ ①　　問2　$\boxed{4}$ ①　$\boxed{5}$ ③　$\boxed{6}$ ①
　　　問3　(1)②　(2)①

**問題文の読み方**　　　　　　　　　　　　　　　　　　　（本冊 $p.58\sim59$）

教授：集中講義の課題レポートのテーマは決まったかい？

A君：はい，酸性雨と森林の関係についてまとめようと思っています。

教授：酸性雨か。河川，土壌や生態系への影響が心配されているね。酸性雨ではない雨水もいくらか酸性だけど，それはなぜかわかるかい？

A君：はい，大気中の二酸化炭素が溶けているからです。普通はpHが6.0程度で，最大で5.6程度まで下がる場合があるようです。

教授：二酸化炭素の飽和水溶液のpHだね。pHが6.0だと，水素イオン濃度はどれくらいかな？

A君：えっと，（　ア　）mol/Lですね。これくらいの濃度なら，雨に打たれてもたいした影響はない気がします。

教授：そうだね，でも通常より酸性の強い雨である酸性雨ならどうなるかな？

A君：今調べ始めたばかりですが，酸性雨は工場や自動車から排出されるガス中に含まれている硫黄酸化物などが原因とされているようです。(a)硫黄酸化物は水と反応して硫酸になりますね。

教授：そうだね，雲の中の水滴に溶け込んで，地上に降り注ぐんだね。

A君：かなりpHは低そうですね。

教授：それはもちろん濃度によるけど，土壌が酸性化すると，影響が大きい場合にはマグネシウムやアルミニウムが溶け出すくらいだから，(b)硫酸酸性の雨のpHが5.0を下回っていることになるので，中和する必要があるね。湖沼の場合だと，pHが6.0以下でも深刻な被害を及ぼす場合もある。

A君：それは大変だ！　酸性雨を防ぐ対策はあるのでしょうか？

教授：もちろん国として施策がとられているんだけど，君はどんな方法があると思う？　最新技術によって環境汚染物質の流出を防ぐことが可能になりつつあるけど，環境保護が後手に回る場合もある。世界で足並みをそろえ，環境保護に取り組むことが課題だね。

A君：はい，世界での取り組みを調べて，レポートにまとめます！

問1　文章中の（　ア　）に入る数値を有効数字2桁で次の形式で表すとき，$\boxed{1}$～$\boxed{3}$に当てはまる数を，下の①～⑦のうちから一つずつ選べ。ただし，同じものを繰り返し選んでもよい。

$$\boxed{1}\,.\,\boxed{2}\times10^{\boxed{3}}$$

①　$-6$　②　$-2$　③　$-1$　④　$0$　⑤　$1$　⑥　$2$　⑦　$6$

問2　下線部(a)について，二酸化硫黄が酸化され，硫酸イオンが生じる反応は電子を含むイオン反応式で次式のように表される。$\boxed{4}$～$\boxed{6}$に当てはまる数を，下の①～⑦のうちから一つずつ選べ。ただし，同じものを繰り返し選んでもよい。

$$SO_2+\boxed{4}\,H_2O \longrightarrow SO_4^{2-}+\boxed{5}\,H^++\boxed{6}\,e^-$$

①　2　②　3　③　4　④　5　⑤　6　⑥　7　⑦　8

> 二酸化硫黄 $SO_2$ は還元剤としてはたらき，反応の前後で硫黄の酸化数は増加する。

問3　下線部(b)に関して，次の問いに答えよ。ただし，硫酸は2段階目まで完全に電離しているものとする。

(1) pH5.0の硫酸水溶液中の硫酸イオンの濃度は何mol/Lか。最も適当な数値を，次の①～⑤のうちから一つ選べ。

①　$1.0\times10^{-6}$　②　$5.0\times10^{-6}$　③　$1.0\times10^{-5}$　④　$2.0\times10^{-5}$　⑤　$5.0\times10^{-5}$

(2) pH5.0の硫酸水溶液10mLを，$1.0\times10^{-4}$mol/Lの水酸化ナトリウム水溶液で過不足なく中和したい。中和に必要な水酸化ナトリウム水溶液の体積は何mLか。最も適当な数値を，次の①～⑤のうちから一つ選べ。

①　1.0　②　2.0　③　5.0　④　10　⑤　20

> 2価の酸である硫酸は，
> $$H_2SO_4 \longrightarrow H^++HSO_4^-$$
> $$HSO_4^- \rightleftarrows H^++SO_4^{2-}$$
> のように2段階で電離するが，
> $$H_2SO_4 \longrightarrow 2H^++SO_4^{2-}$$
> と考える。

**解説**　問1　問題文より，pH＝6.0のときの水素イオン濃度[①]は，

$$[H^+]=\underline{1.0}\times10^{\underline{-6}}\,mol/L$$

問2　二酸化硫黄が還元剤としてはたらく[②]と，酸化されて硫酸イオンになり，硫黄原子の酸化数は＋4から＋6へと増加する。したがって，右辺の電子の係数は2となる。さらに，両辺の電荷の総和を等しくするので，右辺の水素イオンの係数は4となる。最後に，両辺の水素原子と酸素原子の数を等しくするので，左辺の水分子の係数は2となる。

$$\underset{+4}{SO_2}+\underline{2}H_2O \longrightarrow \underset{+6}{SO_4^{2-}}+\underline{4}H^++\underline{2}e^-$$

① $[H^+]=1\times10^{-n}$ mol/Lのとき，pH$=n$

② 二酸化硫黄は，反応する相手によって，次の反応式のように酸化剤としてもはたらく。

$$\underset{+4}{SO_2}+4H^++4e^- \longrightarrow \underset{0}{S}+2H_2O$$

問3(1)　思考の過程▶ pH から水素イオン濃度を求め，硫酸イオンの濃度を求める。$H_2SO_4 \longrightarrow 2H^+ + SO_4^{2-}$ より，

$$硫酸イオンの濃度 = \frac{1}{2} \times 水素イオン濃度$$

pH＝5.0 のとき，水素イオン濃度は $[H^+] = 1.0 \times 10^{-5}\,mol/L$ である。硫酸は 2 段階目まで完全に電離していることから，硫酸イオンの濃度は，

$$\frac{1}{2} \times 1.0 \times 10^{-5}\,mol/L = \underline{5.0 \times 10^{-6}\,mol/L}_{②}$$

(2)　過不足なく中和するのに必要な水酸化ナトリウム水溶液の体積を $v$〔mL〕とすると，中和の量的関係より，

$$2 \times \underbrace{5.0 \times 10^{-6}\,mol/L \times \frac{10}{1000}\,L}_{硫酸から生じる\,H^+} = 1 \times \underbrace{1.0 \times 10^{-4}\,mol/L \times \frac{v}{1000}\,[L]}_{水酸化ナトリウムから生じる\,OH^-}$$

$$v = \underline{1.0\,mL}_{①}$$

---

知識の確認 **SO₂ の還元剤としてのはたらきを示す反応式のつくり方**

| つくり方 | 例 |
|---|---|
| (1)左辺に反応物を，右辺にこれが酸化された生成物を書く。 | $SO_2 \longrightarrow SO_4^{2-}$<br>$+4 \qquad +6$ |
| (2)酸化数が増加した分だけ，右辺に電子 e⁻ を加える。 | $SO_2 \longrightarrow SO_4^{2-} \qquad + 2e^-$ |
| (3)両辺の電荷の総和が等しくなるように，右辺に水素イオン H⁺ を加える。 | $SO_2 \longrightarrow SO_4^{2-} + 4H^+ + 2e^-$ |
| (4)両辺の原子の数が等しくなるように，左辺に水 H₂O を加える。 | $SO_2 + 2H_2O \longrightarrow SO_4^{2-} + 4H^+ + 2e^-$ |

---

**088** 問1 ③　　問2 [ 1 ] ②　[ 2 ] ⑤

問題文の読み方　　　　　　　　　　　　　　　　　　（本冊 *p.*59）

通常の雨の pH の値は 5.6 程度である。しかしながら，近年このpH の値を下回る雨，すなわち酸性雨による被害が世界各地で報告されている。このような(a)酸性雨は，おもに化石燃料の燃焼により生じた窒素酸化物や硫黄酸化物が大気中で二酸化窒素や三酸化硫黄へと変化し，それぞれが雨滴に取り込まれて生じる硝酸や硫酸が原因とされている。欧米では森林が立ち枯れたり，土壌・河川・湖沼の酸性化によって動植物が死滅しており，人体への影響も懸念されている。日本では，欧米ほどの大きな被害は出ていないが，(b)大理石でできた彫刻や銅像といった文化財，あるいは身近なところでは繊維製品への被害が報告されてきている。

問1　下線部(a)について，ある地域の雨水は pH が 3.0 で，含まれる硝酸イオンと硫酸イオンの比が 1:1 である。この雨水 1 L 中に含まれる硝酸の質量は何 g か。最も適当な数値を，次の①〜⑤のうちから一つ選べ。ただし，雨水には硝酸と硫酸のみが溶けており，いずれも完全に電離しているものとする。

① $2.1 \times 10^{-3}$　　② $3.2 \times 10^{-3}$　　③ $2.1 \times 10^{-2}$　　④ $3.2 \times 10^{-2}$　　⑤ $6.3 \times 10^{-2}$

問2　下線部(b)について，大理石の主成分である炭酸カルシウム CaCO₃ は，水素イオン H⁺ と次のように反応する。

$$CaCO_3 + 2H^+ \longrightarrow Ca^{2+} + CO_2 + H_2O$$

同じく炭酸カルシウムを主成分とする石灰岩でできた台地 1.0 km² に pH 4.0 の雨が降水量 5.0 mm だけ降ったとする。このとき，この台地から溶け出す炭酸カルシウムの質量は何 kg か。有効数字 2 桁で次の形式で表すとき，[ 1 ]・[ 2 ] に当てはまる数字を，下の①〜⓪のうちから一つずつ選べ。ただし，同じものを繰り返し選んでもよい。なお，雨水に含まれる水素イオンはすべて炭酸カルシウムの溶出に使われるものとし，雨水には強酸のみが溶けており完全に電離しているものとする。また，降水量とは，降った雨水がすべて地表にたまったと仮定したときの水深を表す。

降水量が水深であることを読み取り，雨水の体積を面積×水深 で求める。

[ 1 ][ 2 ] kg

① 1　② 2　③ 3　④ 4　⑤ 5　⑥ 6　⑦ 7　⑧ 8　⑨ 9　⓪ 0

解説

問1　思考の過程▶ 雨水中の $H^+$ の物質量＝硝酸由来の $H^+$ の物質量
　　　　　　　　　　　　　　　　　　　＋硫酸由来の $H^+$ の物質量
　　　より，硝酸由来の $H^+$ の物質量を求める。

　雨水 1L に含まれる硝酸 $HNO_3$ の物質量を $x$〔mol〕とする。問題文より，雨水中の硝酸イオン $NO_3^-$ と硫酸イオン $SO_4^{2-}$ の比は 1：1 なので，硫酸 $H_2SO_4$ の物質量も $x$〔mol〕となる。雨水の pH が 3.0 であることから水素イオン濃度 $[H^+]=1.0×10^{-3}$ mol/L① なので，雨水中の $H^+$ の物質量について，

①$[H^+]=1×10^{-n}$ mol/L のとき，pH＝$n$

$$\underset{硝酸由来のH^+}{\underline{x〔mol〕×1}}+\underset{硫酸由来のH^+}{\underline{x〔mol〕×2}}=\underset{雨水中のH^+}{\underline{1.0×10^{-3}\,mol/L×1L}}$$

$$x=\frac{1}{3}×10^{-3}\,mol$$

②質量〔g〕＝
　モル質量〔g/mol〕×物質量〔mol〕

　よって，求める $HNO_3$（分子量 63）の質量②は，

$$63\,g/mol×\frac{1}{3}×10^{-3}\,mol=\underline{2.1×10^{-2}\,g}_{③}$$

問2　思考の過程▶ 与えられた化学反応式の係数に着目すると，
　　　　　□1 $CaCO_3$ ＋ □2 $H^+$ ⟶ …
　　　これより，$CaCO_3$ の物質量＝$H^+$ の物質量×$\frac{1}{2}$

　降水量は水深を表しているので，台地に降った雨水の体積は，底面積が $1.0\,km^2$ で高さが $5.0\,mm$ の直方体の体積と等しい。

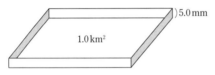

　したがって，雨水の体積は，
$$\underset{1.0×10^{10}cm^2}{\underline{1.0\,km^2}}×\underset{0.50\,cm}{\underline{5.0\,mm}}=5.0×10^9\,cm^3=5.0×10^9\,mL=5.0×10^6\,L$$

　雨水の pH が 4.0 であることから，水素イオン濃度 $[H^+]=1.0×10^{-4}$ mol/L である。したがって，雨水に含まれる $H^+$ の物質量は，
$$1.0×10^{-4}\,mol/L×5.0×10^6\,L=5.0×10^2\,mol$$

　与えられた反応式より，反応する炭酸カルシウム $CaCO_3$（式量 100）の物質量は $H^+$ の物質量の $\frac{1}{2}$ 倍なので，求める炭酸カルシウムの質量〔kg〕は，

$$\underset{H^+の物質量}{\underline{5.0×10^2\,mol}}×\frac{1}{2}×\underset{CaCO_3のモル質量}{\underline{100\,g/mol}}=2.5×10^4\,g=\underline{\underline{2.5}}\ kg$$

**089** 問1 **a** 1 ③ 　 2 ⑥ 　 **b** 3 ① 　 問2 4 ⑤ 　 5 ⑧ 　 6 ⓪

**問題文の読み方**　　　　　　　　　　　　　（本冊 *p.*62〜63）

次の文章を読み，問い（問1・2）に答えよ。

　COD（化学的酸素要求量）は，水1Lに含まれる有機化合物などを酸化するのに必要な過マンガン酸カリウム $KMnO_4$ の量を，酸化剤としての酸素の質量[mg]に換算したもので，水質の指標の一つである。ヤマメやイワナが生息できる渓流の水質は COD の値が 1mg/L 以下であり，きれいな水ということができる。

　COD の値は，試料水中の有機化合物と過不足なく反応する $KMnO_4$ の物質量から求められる。いま，有機化合物だけが溶けている無色の試料水がある。この試料水の COD の値を求めるために，次の実験操作（**操作1〜3**）を行った。なお，操作手順の概略は図1に示してある。

> COD は，試料水 1.0L 当たりの量なので，COD を求めるときは，試料水 1.0L 当たりに換算することに注意する。

**準　備**　試料水と対照実験用の純水を，それぞれ 100mL ずつコニカルビーカーにとった。

**操作1**　準備した二つのコニカルビーカーに硫酸を加えて酸性にした後，両方に物質量 $n_1$[mol]の $KMnO_4$ を含む水溶液を加えて振り混ぜ，沸騰水につけて30分間加熱した。これにより，試料水中の有機化合物を酸化した。加熱後の水溶液には，未反応の $KMnO_4$ が残っていた。なお，この加熱により $KMnO_4$ は分解しなかったものとする。

**操作2**　二つのコニカルビーカーを沸騰水から取り出し，両方に還元剤として同量のシュウ酸ナトリウム $Na_2C_2O_4$ 水溶液を加えて振り混ぜた。加えた $Na_2C_2O_4$ と過不足なく反応する $KMnO_4$ の物質量を $n_2$[mol]とする。反応後の水溶液には，未反応の $Na_2C_2O_4$ が残っていた。

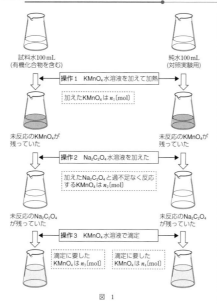

試料水100mL（有機化合物を含む）　　　純水100mL（対照実験用）

操作1　$KMnO_4$ 水溶液を加えて加熱

加えた $KMnO_4$ は $n_1$[mol]

未反応の $KMnO_4$ が残っていた　　　未反応の $KMnO_4$ が残っていた

操作2　$Na_2C_2O_4$ 水溶液を加えた

加えた $Na_2C_2O_4$ と過不足なく反応する $KMnO_4$ は $n_2$[mol]

未反応の $Na_2C_2O_4$ が残っていた　　　未反応の $Na_2C_2O_4$ が残っていた

操作3　$KMnO_4$ 水溶液で滴定

滴定に要した $KMnO_4$ は $n_3$[mol]　　　滴定に要した $KMnO_4$ は $n_4$[mol]

図　1

**操作3**　コニカルビーカーの温度を 50〜60℃ に保ち，$KMnO_4$ 水溶液を用いて，残っていた $Na_2C_2O_4$ を滴定した。滴定で加えた $KMnO_4$ の物質量は，試料水では $n_3$[mol]，純水では $n_4$[mol]だった。

**問1**　次の文章を読み，問い（**a・b**）に答えよ。

　この試料水中の有機化合物と過不足なく反応する $KMnO_4$ の物質量 $n$[mol]を求めたい。

　操作1〜3で，試料水と純水のそれぞれにおいて，加えた $KMnO_4$ の物質量の総量と消費された $KMnO_4$ の物質量の総量は等しい。このことから導かれる式を $n$，$n_1$，$n_2$，$n_3$，$n_4$ のうちから必要なものを用いて表すと，試料水では 1 ，純水では 2 となる。これら二つの式から，$n=$ 3 となる。

> 「加えた $KMnO_4$ の物質量の総量＝消費された $KMnO_4$ の物質量の総量」の関係式をつくることを読み取る。

**a**　 1 ・ 2 に当てはまる式として最も適当なものを，次の①〜⑥のうちから一つずつ選べ。

① $n_1+n_2=n+n_3$ 　　② $n_2+n_3=n+n_1$ 　　③ $n_1+n_3=n+n_2$

④ $n_1+n_2=n_4$ 　　⑤ $n_2+n_4=n_1$ 　　⑥ $n_1+n_4=n_2$

**b**　 3 に当てはまる式として最も適当なものを，次の①〜⑤のうちから一つ選べ。

① $n_3-n_4$ 　　② $n_1+n_3-n_4$ 　　③ $n_2+n_3-n_4$ 　　④ $n_1+n_2+n_3-n_4$ 　　⑤ $n_1-n_2+n_3-n_4$

**問2**　次の文章中の 4 〜 6 に当てはまる数字を，下の①〜⓪のうちから一つずつ選べ。ただし，同じものを繰り返し選んでもよい。O＝16

　過マンガン酸イオン $MnO_4^-$ と酸素 $O_2$ は，酸性溶液中で次のように酸化剤としてはたらく。

$$MnO_4^- + 8H^+ + 5e^- \longrightarrow Mn^{2+} + 4H_2O$$

$$O_2 + 4H^+ + 4e^- \longrightarrow 2H_2O$$

したがって，$KMnO_4$ 4mol は，酸化剤としての $O_2$ 4 mol に相当する。

　この試料水 100mL 中の有機化合物と過不足なく反応する $KMnO_4$ の物質量 $n$ は $2.0×10^{-5}$mol であった。試料水 1.0L に含まれる有機化合物を酸化するのに必要な $KMnO_4$ の量を，$O_2$ の質量[mg]に換算して COD の値を求めると， 5 . 6 mg/L になる。

① 1　　② 2　　③ 3　　④ 4　　⑤ 5　　⑥ 6　　⑦ 7　　⑧ 8　　⑨ 9　　⓪ 0

問1 解説

> 思考の過程▶ 試料水と純水のそれぞれの場合について，
> 加えた $KMnO_4$ の物質量の総量＝消費された $KMnO_4$ の物質量の総量
> であることから，図をかいて $n$, $n_1 \sim n_4$ の量的関係を理解し，その関
> 係を式で表す。

問題文より，$n$, $n_1 \sim n_4$ の量的関係を図に表すと，次のようになる。

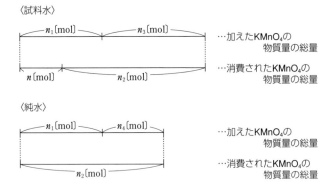

〈試料水〉
$n_1$〔mol〕　$n_3$〔mol〕 …加えた$KMnO_4$の物質量の総量
$n$〔mol〕　$n_2$〔mol〕 …消費された$KMnO_4$の物質量の総量

〈純水〉
$n_1$〔mol〕　$n_4$〔mol〕 …加えた$KMnO_4$の物質量の総量
$n_2$〔mol〕 …消費された$KMnO_4$の物質量の総量

**a** 試料水において，加えた $KMnO_4$ の総量は $(n_1 + n_3)$〔mol〕，また，消費された $KMnO_4$ の総量は $(n + n_2)$〔mol〕である。これらの量が等しいので，<u>$n_1 + n_3 = n + n_2$</u>②

純水①において，加えた $KMnO_4$ の総量は $(n_1 + n_4)$〔mol〕，また，消費された $KMnO_4$ の総量は $n_2$〔mol〕である。これらの量が等しいので，
<u>$n_1 + n_4 = n_2$</u>⑥

**b** **a** で求めた二つの式から $n_1$, $n_2$ を消去すると，$n = $ <u>$n_3 - n_4$</u>①

問2
> 思考の過程▶ COD を求めるには，試料水中の有機化合物を酸化した $KMnO_4$ の量を $O_2$ の量に換算する必要がある。そのためには，それぞれの物質の酸化剤としてのはたらきを示す反応式について，電子の数を合わせてから係数を比較する。

問題文に与えられているように，過マンガン酸イオン $MnO_4{}^-$ と酸素 $O_2$ は，酸性水溶液中で次のように酸化剤としてはたらく。

$$MnO_4{}^- + 8H^+ + 5e^- \longrightarrow Mn^{2+} + 4H_2O \qquad \cdots\cdots(\text{i})$$
$$O_2 + 4H^+ + 4e^- \longrightarrow 2H_2O \qquad \cdots\cdots(\text{ii})$$

電子の数を合わせるために，(i)式×4，(ii)式×5 を行うと，

$$4MnO_4{}^- + 32H^+ + 20e^- \longrightarrow 4Mn^{2+} + 16H_2O \quad \cdots\cdots(\text{i})'$$
$$5O_2 + 20H^+ + 20e^- \longrightarrow 10H_2O \qquad \cdots\cdots(\text{ii})'$$

したがって，$KMnO_4$ 4 mol は，酸化剤としての $O_2$ <u>5</u> mol に相当する。また，試料水 100 mL 中の有機化合物と過不足なく反応する $KMnO_4$ の物質量は $n = 2.0 \times 10^{-5}$ mol，酸素の分子量は 32 であることから，試料水 1.0 L 中の有機化合物と過不足なく反応する $O_2$ の質量〔mg〕は，

$$2.0 \times 10^{-5}\,\text{mol} \times \frac{5}{4} \times 32\,\text{g/mol} \times \frac{1000}{100} = 8.0 \times 10^{-3}\,\text{g} = 8.0\,\text{mg}$$

つまり，COD の値②は <u>8.0</u> mg/L となる。

① 純水による実験は，対照実験として，試料水中の有機化合物以外の不純物の混入などによる影響を補正するために行う。

② COD の値を求めるときは，試料水の体積が 1.0 L であること，質量の単位が mg であることに注意する。

**090** ②

問題文の読み方　　　　　　　　　　　　　　　　　　　　　（本冊 *p*.63）

> アルミニウムに関する次の文章を読み，問いに答えよ。
>
> 先生：単体のアルミニウムは，ボーキサイトから得られる酸化アルミニウムを溶融塩電解することによ
> 　　　り製造されています。
> リカ：アルミニウムを製造するにはどれぐらいの電力量が必要ですか。
> 先生：ボーキサイトからアルミニウム 1 kg を製造するには 20 kWh の電力量が必要だそうです。でも，
> 　　　回収したアルミ缶から再生すれば，その電力量の 3 ％ですみます。化石燃料 1 kg の燃焼により
> 　　　3.3 kWh の電力量が得られるとすると，アルミ缶から再生すれば，アルミニウム 1 kg を製造す
> 　　　るのに，化石燃料の消費量を何 kg 減らすことができますか。
> リカ：　ア　 kg 減らすことができます。
> 先生：そのとおりです。
>
> 問　文章中の空欄　ア　に入る数値として最も適当なものを，次の ①〜⑥ のうちから一つ選べ。
> 　　① 0.6　　② 5.9　　③ 19　　④ 21　　⑤ 64　　⑥ 66

> アルミ缶からアルミニウム
> 1 kg を再生するのに必要な電
> 力量は，$20 \times \dfrac{3}{100}$ kWh である。

解説　　思考の過程▶ 「ボーキサイトからアルミニウム 1 kg を製造するのに必
要な電力量」と「アルミ缶からアルミニウム 1 kg を再生するのに必要
な電力量」を求め，この電力量の差を化石燃料の消費量に換算する。

　ボーキサイトからアルミニウム 1 kg を製造するのに必要な電力量は，
問題文より 20 kWh である。また，アルミ缶からアルミニウム 1 kg を再
生するのに必要な電力量は，その 3 ％である[①]から，$20 \times \dfrac{3}{100} = 0.60$ (kWh)
である。

　したがって，アルミニウム 1 kg をアルミ缶から再生することで減らせ
る電力量は，

　　20 kWh － 0.60 kWh＝19.4 kWh

化石燃料 1 kg の燃焼により 3.3 kWh の電力量が得られるとすると，
19.4 kWh の電力量を得るために消費される化石燃料の質量は，

　　$1\,\text{kg} \times \dfrac{19.4\,\text{kWh}}{3.3\,\text{kWh}} = 5.87\cdots\text{kg} \fallingdotseq \underline{5.9\,\text{kg}}$ ②

①アルミニウムを鉱石から製造す
るには大量の電気が必要なので，
アルミニウム製品のリサイクル
が推進されている。

---

知識の確認　**アルミニウムの溶融塩電解**

　イオン化傾向の大きいアルミニウムの単体は，アルミニウムイオンを含む水
溶液の電気分解では得ることができない。そこで，氷晶石を加熱して融解させ
たものに，アルミナとよばれる純粋な酸化アルミニウムを溶かして電気分解し
て単体を取り出す。
　このようにして金属の単体を得る操作を**溶融塩電解**という。

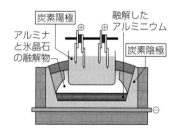

カテゴリー別
大学入学共通テスト対策問題集
**化学基礎**

解答編

◆編集協力者　菊地　陽子
　　　　　　　平澤　香織
◆編集協力　　（株）エディット

13661　A

ISBN978-4-410-13661-0

編　者　数研出版編集部
発行者　星野　泰也
発行所　**数研出版株式会社**

〒101-0052　東京都千代田区神田小川町2丁目3番地3
　　〔振替〕00140-4-118431
〒604-0861　京都市中京区烏丸通竹屋町上る大倉町205番地
　　〔電話〕代表 (075)231-0161
ホームページ　https://www.chart.co.jp
印刷　太洋社